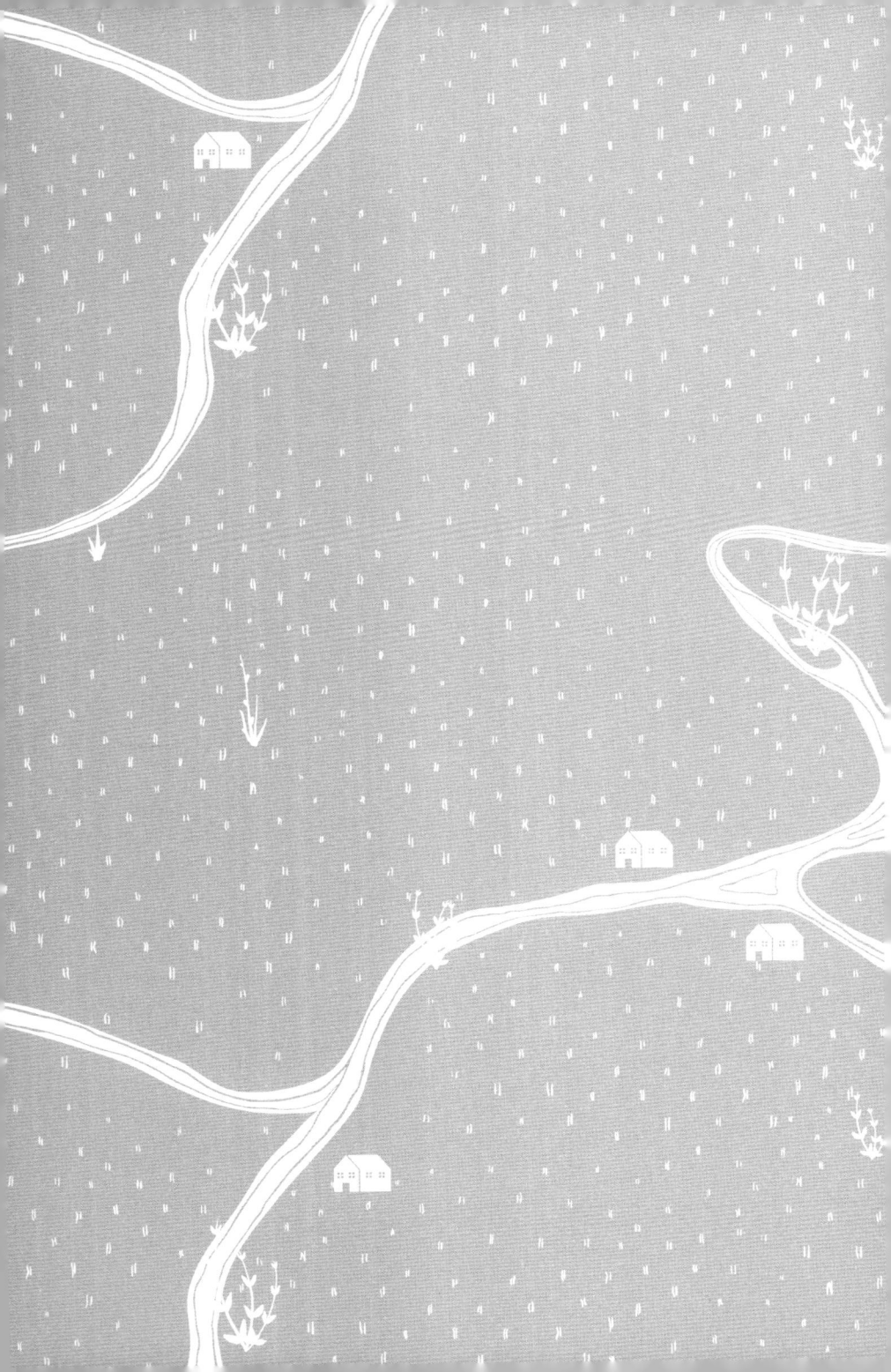

착 한 집 에 살 다

"KUSARU IENI SUMU"

by Masako Kanda, Yukari Hamada, Miki Hayashi, Tomoko Hirayama

Copyright © 2013 Masako Kanda, Yukari Hamada, Miki Hayashi, Tomoko Hirayama

© 2013 Rikuyosha Co., Ltd.

All rights reserved.

Original Japanese edition published by Rikuyosha Co., Ltd.

Korean translation copyright © 2015 by Hankyoreh Publishing Company

This Korean edition published by arrangement with Rikuyosha Co., Ltd., Tokyo,

through HonnoKizuna, Inc., Tokyo, and Shinwon Agency Co.

나무와 흙, 물과 바람,

이웃과 이웃이 함께 살아가는

집 이야기

착한 집에 살다

쓰나가루즈 지음 · 장민주 옮김

'착한 집'의 세계에 오신 것을 환영합니다!

우리는 지금껏 '좋은 집'이란 튼튼하고 오래 가는 집이라는 생각을 당연시하면서 살아왔습니다. 편리한 설비와 공법이 넘쳐나는 집이야말로 똑똑하고 '좋은 집'이라고도 이야기합니다. 과연 그럴까요?

집의 세계에는 내진성, 내화성, 내구성, 에너지 절약 등 외부로부터의 압력을 잘 견디고, 사용에너지를 최소화하는 방법에 대한 공법이 쌓이고 쌓여 있습니다. 이대로만 하면 전부 더없이 훌륭하고, 매우 '좋은 집'이 될 듯합니다.

그러나 성능에만 마음을 빼앗겨 환경 속에서 순환하여 소멸하는 과정을 잊고 만 것은 아닐까요. '집'을 물건으로서만 생각하고 정작 그 내용물인 '생활'을 잊어버린 건 아닌지요. '집'이라는 건 과연 단순한 그릇에 불과할까요.

우리 네 사람은 지금의 '집' 짓기 방식에, 그리고 생활방식에 뭐라 말할 수 없는 위화감을 품고 있었습니다.

집은 물건이 아니다.

집은 지어졌을 때 완성되는 게 아니라,

생활을 통해 만들어지는 것이다.

집은 손을 볼수록 빛이 나는 것이다.

집은 조금 불편한 편이 좋다.

집은 자신을 위해서만 존재하는 게 아니다.

집은 환경의 일부다.

집은 인간의 생활과 삶의 방식을 비추는 거울이다.

우리는 우리가 생각하는 집과 생활을 명확히 정의하고 서로의 안테나를 최대한 활용해 '착한 집'에서 사는 사람들을 찾아다녔습니다. 나무와 흙, 물과 바람, 이웃과 이웃이 함께 살아가는 10채의 집을 만났습니다. 이 책에 등장하는 10가지 즈택과 삶의 방식은 우리 네 사람이 꼭 찾아가보고 싶었던 공간입니다.

건축과 관련된 일을 하는 우리 네 사람은 알고 지낸 시간은 오래 되었지만, 2011년에 일어난 일본대지진 이후 SNS를 통해 더욱 친밀해졌습니다. 주로 도쿄에서 일을 하고 있어서 직접 피해를 입은 건 아니지만 영상을 통해 완전히 쓰레기더미로 변한 집들을 눈앞에서 목격하면서 지금까지 경험한 적 없는 충격과 함께 몸에 힘이 쭉 빠졌지요.

지금까지 우리 각자는 주택설계와 수리 혹은 집필 등의 활동을 통해 좀 더 나은 주거와 생활방식을 제안해왔습니다. 그러나 대지진 이후 '이대로 괜찮은가'라는 의문이 부글부글 끓어올랐습니다. 아무리 일을 해도 답답함이 사그라들긴커녕 압박감까지 더해졌지요. 그러한 시간을 보내면서 미증유의 대재앙에서 배운 것을 활용해 한 발짝 앞으로 나아가고 싶다, 우리의 전문성을 사회에 도움이 되는 방향으로 살려나가고 싶다는 바람이 생겨난 것입니다.

우리가 말하는 '착한 집'에는 세 가지 의미가 있습니다.

성숙. 살면서 계속 손을 보는 사이 그 맛이 깊어지는 집.

쇠퇴. 흙과 물과 공기를 더럽히지 않고 지어서 마지막엔
　　　홀연히 흙으로 돌아가는 집.

연결. 사람과 사람이 고리처럼 연결되어 사람이 사람답게 살
　　　수 있는 집.

사람과 함께 사람답게 살아가는, 제 키에 맞는 삶이야말로 지금 시대의 진정한 풍요로운 삶일 것입니다.

이 책에 실린 10가지 주택과 삶의 방식에는 앞으로 집을 지을 사람, 짓고자 하는 사람, 새로운 공간에서 생활을 시작하고 싶은 사람, 조금이라도 환경에 부담을 주지 않는 삶을 살고 싶은 사람들이라면 '멋지다, 즐겁겠다, 나도 한번 해보고 싶다'라는 생각이 들 만한 다양한 힌트가 가득합니다.

'착한 집'들이 진짜 행복을 가르쳐줄 것입니다!

차례

PART + 01

자연과
더불어 사는 집

사람들과의 관계가 깊어지는
녹색이 풍성한 삶의 공간

_후카자와 친환경주택

환경과 더불어 사는 아파트로 다시 태어난 구영區營주택.

마당에는 나무가 무성하고, 새와 벌레도 모여든다.

주민의 마음을 사로잡은 것은

친 환 경 설 비 보 다

　　풍 성 한　녹 색 과　사 람 들　사 이 의

　연 결 감 이 다 .

에콜로지 시대의 선구자

'후카자와深沢 4번가 아파트'는 통칭 '후카자와 친환경주택'으로 불린다. 울창한 녹색으로 둘러싸인 내부는 과연 이곳이 구영주택인가 싶을 정도다.

1997년 신축 당시 견학차 이곳을 방문한 적이 있었다. 키 큰 나무와 키 작은 나무들이 뒤섞여 자라고, 마당에는 비오토프biotope: 도심에서 야생동물들이 서식하고 이동할 수 있도록 조성한 자연이나 설치물가 있고, 지붕에는 태양광으로 온수를 만드는 태양집열판솔라콜렉터이 설치되어 있으며, 평평한 지붕은 잔디로 푸르게 덮여 있고, 벽면도 녹색으로 둘러싸여 있었다. 양수용풍차와 빗물을 이용하는 등 당시로서는 선진적인 생태학적 기기와 시스템을 대폭 도입해 환경에 대한 배려가 돋보이는 이 아파트를 보고 감탄했던 기억이 있다.

이 아파트는 1952년에 지어진 전후 부흥주택이다. 35가구가 사는 목조 아파트로 탄생했다가 생태건축, 친환경이라는 단어가 등장하기 시작할 무렵인 1997년에 시대의 선구자로서 새롭게 재탄생했다.

노후화에 따른 재건축의 필요성과 건설성建設省의 '지역주택계획HOPE: 지역의 특성을 살린 마을 만들기와 주택건설을 추진하는 주택계획', 세타가야구世田谷區의 '주택정비방침', '세타가야구 실시계획'이 겹쳐 이 아파트를 '환경자원을 활용한 친환경주택'으로 만드는 것이 결정되었다. 그리고 '지구환경 배려와 에너지절약, 자원절약, 재활용', '주변환경 및 자연환경과의 조화', '건강하고 쾌적한 주거환경'이라는 세 가지 이념 아래 재건축계획이 진행된 것이다.

당시 인상 깊었던 점은 그곳에 있던 나무들이 재건축 이후에도 여전히 자리를 지키고 있다는 것이었다. 기존 주민들의 요구를 받아들인 결과다. 구영주택에서 어떻게 이런 일이 가능했을까. 재건축 이전부터 자치회장을 맡고 있는 다구치 고하치田口幸八 씨는 그것이 주택정책과 재건축시점이 맞물리면서 타이밍이 좋았기에 가능한 일이었다고 말한다.

재건축 당시 주민대표로서 구와 의견을 조정한 것도 다구치 씨다. 구의 초기 계획에는 고층건물도 있었다. 하지만 주민들은 일조량을 고려해 저층으로 하고 동과 동 사이의 간격을 넓히면 좋겠다고 요구했다. 다구치 씨 집에서는 몇 번이나 주민 모두와, 때로는 설계자도 참석하여 회의가 열렸고, 구에는 "주민의 의견을 들어주지 않으면 협조하지 않겠다"는 요구사항을 제출했다고 한다.

새 아파트가 건축되기 전 19세대였던 재입주 희망자는 고령이라는 이유로 입주를 포기한 몇 가구를 제외하고 17세대가 남았다. 현재 기존 아파트 시절부터 살던 세대는 8세대로 줄었다. 아파트는 총 5개 동이고 1호동의 1층에는 데이케어센터가 있다. 고령자용 주택, 특정 공공임대주택과 일반 구영주택까지 총 70세대로, 젊은 사람과 노인들이 함께 살고 있다.

각 동은 복도로 이어지는데, 통로는 곧바로 뻗어 있지 않고 약간 미로 같다. 통로 사이사이에 움푹 들어간 곳에는 벤치가 있어 휴식의 장이 되며, 날씨가 좋을 때는 이웃끼리 모여 이야기를 나누는 장소도 될 듯하다. 통로에서 마당 쪽으로 고개를 돌리니 맞은편 경치가 숲처럼 보였다. 바람이 지나는 길이기도 한 이곳에는 그날따라 기분 좋은 바람이 불고 있었다.

마당으로 나오면 꽃들이 화려하게 피어 있는 화단, 울창한 나무가 우거진 비오토프, 펌프식 우물 그리고 이 아파트가 생긴 이래 60년 이상 자리를 지키고 있는 커다란 나무가 있다.

주택지인데도 비오토프에는 다양한 벌레와 새가 찾아온다. 화단은 꼼꼼하게 잘 정돈되어 있다. 한 달에 한 번 '잡초 뽑는 날'에 주민들은 잡초를 뽑고, 꽃을 좋아하는 사람들이 자발적으로 꽃을 심고 있다. 관리는 주민 손에 맡겨져 있다. 화단 이외의 곳에 있는 식물은 다구치 씨가 돌본다. 돌본다고는 하나 물을 주는 정도의 간단한 일이 아니다. 수많은 수국과 키 작은 나무들을 가지치기하며 다듬는다. 젊은 사람도 하기 쉽지 않은 일을 90세 가까운 다구치

새와 벌레가 모여드는 비오토프.
정비된 화단 저편으로 보이는 백일홍나무.
창가 옆에 앉아서 편히 쉬고 있는 다구치 씨 부부.
베란다에는 정성 들여 키우는 분재가 줄지어 있다.
처음 이곳에 아파트를 지었을 당시 심은 나무.
60여 년 세월 동안 이 아파트를 지키고 있다.

ㅓ　창 너머로 보이는 녹색 마당.
ㅜ　베란다에서 소중히 가꾸고 있는 화분에 물을 주는 다카나시 씨.
ㅜ　바람이 지나가는 길도 되는 통로.

씨 혼자 해낸다.

각 세대의 내부는 지극히 간소하다. 보통의 아파트와 구조는 같지만, 베란다가 안쪽으로 크게 자리 잡고 있다. 다구치 씨는 기존 아파트 시절에는 정원이 있어서 분재를 꽤 많이 키웠다고 한다. 베란다는 그때의 정원을 대신하기 위해서 넓게 계획되었던 것일까. 정원이 있던 시절과 마찬가지로 다구치 씨는 수는 줄었지만 지금도 분재 키우기를 즐기고 있다.

친환경설비는 생활을 풍요롭게 하는가

"저기 있는 백일홍나무도 옛날부터 있었어요. 원종에 가까운 진귀한 나무예요." 다구치 씨가 창밖을 가리키며 알려주었다. 그곳에는 커다란 백일홍나무가 서 있었다. 예전 아파트의 개인 정원에서 키우던 나무도 새 아파트의 정원 여기저기에 다시 심어졌다. 그토록 아끼던 식물이 버려지지 않고 새로운 아파트 안에 있는 것은 주민들에게 모든 것이 갑작스레 바뀐 게 아니라 이어지면서 서서히 변화하고 있다는 안정감을 주었을 것이다.

매일 아침 다구치 씨 부부와 산책을 한다는 이웃 동에 사는 다카나시 미사코高梨美佐子 씨는 1인 가구다. 예전 아파트 시절에 이곳으로 시집을 왔다고 한다. 젊은 시절부터 다구치 씨와 이웃이었지만 새 아파트로 바뀌고 나서 친밀감은 더욱 깊어졌다. 하이쿠俳句: 일본의 전통시를 암송하는 것이 취미라는 다카나시 씨도 비오토프가 내려다보이는 베란다에서 많은 화분을 키우고 있었다. "비오토프는 내 정원을 넓힌 것 같아요. 저것도 옛날 정원에 있던 거예요"라며 푸크시아 화분을 가리킨다. "정원에서 키우던 다른 나무들도 여기 어딘가에 심어져 있어요. 하지만 어느 게 어느 건지는 이제 알 수 없지요"라고 말하는 다카나시 씨의 얼굴에선 부부가 함께 지내온 시간과 아이들을 키우던 시절의 추억이 서린 나무가 어딘가에 심어져 있다는 만족감이 엿보였다.

아파트 앞 마당에서 아이를 데리고 나온 부부를 만났다. 말을 걸었더니 급작스러울 텐데도 집 안을 안내해 주었다. 30대 부부와 초등학교 3학년 아들은 올 봄에 막 이사를 왔다. 이곳이 친환경주택이라는 걸 알고 이사온 것은 아니다. 창을 통해 밖을 내다보니 백일홍이 베란다를 에워싸듯 서 있었다. "지금은 꽃봉오리가 베란다로 떨어져 청소를 매일 해야 해요. 가을엔 낙엽이 들어오겠죠. 하지만 큰 나무를 보면 마음이 편해져요"라며, 나무가 보이는 거실이 마음에 든다는 부인은 이사한 후 가드닝을 시작했다. 녹색이 풍성하니 공기도 좋고 바람도 잘 통해서 혼자 있을 때는 에어컨을 켜지 않는다. 아들은 비오토프에서 놀거나 통로에서 스케이트보드를 탄다. 전에 살던 곳과는 완전히 다른 환경이다.

녹색이 풍성한 환경에 친환경설비를 갖춘 주택. 꿈 같은 아파트다. 태양집열판이나 풍력발전 등의 친환경설비는 대부분 데이케어센터 소유이며 주거동과는 관계없다. 지붕녹화를 위한 살수기, 양

⊥⊥ 지붕녹화와 보수가 필요 없는 기와지붕.
⊥⊥ 동과 동을 연결하는 통로 주변도 녹색으로 가득하다.
TTTT 베란다에 마련된 빗물탱크.
TTTT 봄에 이사 온 가족, 녹색이 많고 공기가 깨끗한 이곳 생활에 만족한다.
TTTT 골목길 같은 복도, 이웃끼리 이야기꽃을 피운다.
TTTT 태양전지를 사용한 가로등.

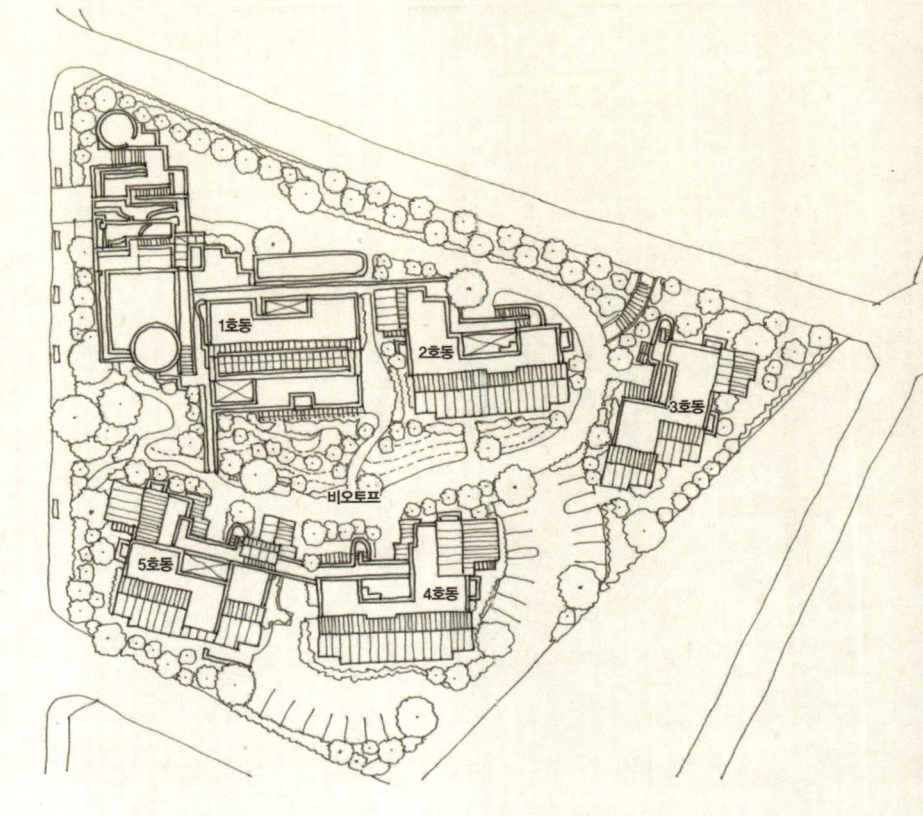

부지면적	7,388.08제곱미터
연면적	6,200.47제곱미터
구조 및 규모	1호동_ 지상 5층 RC 라멘 구조
	2/3/4호동_ 지상 3층 RC 벽식 구조
	5호동_ 지상 4층 RC 벽식 구조
주거 호수	구영주택(장애인용 3호 포함) 43호
	구영주택(노인용) 17호
	특정 공공임대주택 10호
	총 70호
소재지	도쿄도 세타가야구 후카자와東京都世田谷区深沢

1호동

2호동

3호동

비오토프

5호동

4호동

수용풍차까지 포함해 아파트가 생긴 지 5년 사이에 고장 난 것도 많다.

"우리에겐 친환경설비 같은 것은 아무래도 상관없어요. 녹색이 있고 조용히 살 수 있고, 친구가 있는 지금의 생활이 매우 만족스러워요. 여기서 살 수 있다는 것만으로 감사합니다. 이전 아파트와 비교하면 하늘과 땅 차이니까요"라고 다카나시 씨는 말했다.

이 말을 들으며, 이미 15년의 세월이 흘렀고 설비는 시간이 흐르면 무너져 내리지만 사람들 사이의 인연은 시간이 갈수록 깊어진다는 것을 깨달았다.

좋은 환경은 설비가 아닌 주민의 손으로 만든다

문제는 이 정도의 환경을 유지하는 데 그만큼의 노동력이 든다는 것이다. 정원과 화단손질, 설비보전은 구의 업무지만, 구에서는 관리를 하지 않는다. 관리비는 내고 있으나 수리는 전혀 해주지 않아 고장 난 친환경설비는 파손된 채 그대로 있다.

대대적인 광고와 함께 거액의 돈을 들여 친환경설비를 갖추었지만 결국 흡족하게 써보지도 못했다. 시설만 만들어놓고 관리를 하지 않는 것은 엄청난 손해가 아닐까. 친환경설비는 유지관리가 매우 중요하며 비용도 많이 드는데, 그걸 고려하지 않고 계획해선 안 될 일이다.

나무 하나하나까지 되살리는 노력은 감동할 만하지만 관리를 염두에 두고 계획을 세우지 않았다는 건 생각해볼 문제다. 화단정비도 마찬가지다. 다만, 그 덕에 월 1회 풀을 베는 날에는 주민들끼리 이야기를 나누고, 혼자 사는 사람들의 형편도 파악할 수 있다고 한다. 그런 점에서는 주민관리형 운영도 나쁘지 않다. 이곳이 살기 좋은 것은 나무들이 그늘을 만들어주고, 바람이 통하고, 사람들과의 교류가 있기 때문이다. 결코 친환경설비가 많기 때문이 아닌 것이다.

그 환경을 만들고 있는 것은 이곳 주민들이다. 그들은 자신의 일손을 보태 살기 좋은 공간을 만들고, 마음 따뜻하게 살아간다. 이것이 가능할 때 환경은 비로소 풍요로워진다.

이 아파트가 세워졌을 당시엔 갖춰진 설비에 감동했다. 하지만 15년이 흐른 지금, 그 설비들은 거의 고장 난 반면 나무들은 자라고, 풀꽃들은 아름답게 피어나고, 그걸 지키려는 사람들이 있어 환경이 유지되고 있다. 친환경주택에는 설비뿐 아니라 사람과 사람 사이의 만남도 필요한 것이다.

글 하마다 유카리

02

도심 속에 자라는
한 그루 나무 같은 집

_하쿠산거리의 집

대로에 맞닿은 불과 16평 반의 부지 위에 서 있는,
오피스 겸용 2세대 주택이다.
발밑으로 바람이 지나가고, 지붕 위에서는 태양열로 물이 데워진다.
지하 깊은 곳에서 지열을 끌어와 바닥과 천장을 식히고 데운다.

흙을 덧바른 외벽이
　동네에 부드러운 빛을 실어 나른다.

한 그루 나무 같은 집에 살고 싶다

바람이 빠져나가는 하쿠산白山거리와 닿아 있는 테라스. 거리에서 무척 가깝게 느껴져서 지나가는 행인에게 가볍게 말을 걸고 싶어지는, 마치 거리의 연장선 같은 공간이다. 틀림없이 하쿠산신사白山神社에서 축제가 열릴 때면 최고의 관람석이 될 것이다. "도심에서 자라는 한 그루 나무 같은 집으로 만들고 싶었다"고, 집주인이자 설계자이기도 한 건축가 사쓰타 히데오薩田英男 씨는 말한다. 이 시원한 테라스는 도심에서 활기차게 살아가는 커다란 나무의 그늘 같은 곳일까.

'하쿠산거리의 집'은 사쓰타 씨의 자택 겸 사무실이다. 도쿄도 분쿄구東京都文京区, 유서 깊은 도쿄의 야마노테山の手에 있다. 하쿠산역 앞의 상점가를 빠져나와 하쿠산거리로 나오면 대로변에 가까이 있으면서 하늘 높이 뻗은 탑처럼 늠름한 건물이 눈에 들어온다. 이

부지를 고른 것은 부인인 스미코須美子 씨의 생가와 가깝고, 공동체의 정서가 조금이나마 남아 있는 곳이었기 때문이다. 딱딱한 도시 풍경 속에서 한결 부드러운 표정으로 말을 걸어주는, 미장이의 손으로 완성한 외벽. 골똘히 생각에 잠기게 만드는 창의 배치도 절묘한 것이 도시적이고 세련된 매력을 풍기는 외관이다.

도로 폭이 40미터나 되는 하쿠산거리에 닿아 있으면서 불과 16평 반의 부지 위에 서 있는 이 집에는 사쓰타 씨 부부, 중학생부터 대학원생까지의 자녀 4명과 장모님까지 모두 7명에다 고양이 2마리가 함께 산다. 좁은 부지에 7층으로 이루어진 이 주거공간은 층당 면적이 약 13평이다. 계단과 엘리베이터를 빼면 9평이다. 거리에서 바라볼 때 2층에 해당하는 테라스는 남서쪽에서 불어오는 바람이 지나가는 길목이 된다.

고베神戸의 철공소에서 제작했다는 적갈색의 철제계단을 올라가면 사쓰타 씨의 작업실이다. 날씨가 좋을 때는 테라스에서 책을 읽거나 사람을 만날 수도 있고, 자연스럽게 한 잔하고 싶어질 것 같은 부러운 업무환경이다. 작업실 위층은 장모님의 주거공간, 그 위로 부부의 침실과 부엌 등의 물을 쓰는 공간, 패밀리룸, 아이들 방이 순서대로 올라가 있다. 위아래를 이동할 때에는 미묘한 거리감이 생겨난다. 완전히 붙어 있지도 떨어져 있지도 않은, 기분 좋은 느낌으로 가족관계가 유지될 듯하다. 모두가 사용하는 엘리베이터의 대바구니가 신발을 벗고 신는 장소이며, 벽면을 가족게시판으로 사용하는 모습에 절로 미소가 지어진다.

패밀리룸에는 둥근 식탁이 있고 이탈리아풍 테이블크로스가 펼쳐져 있다. 여름방학을 맞아 늦잠을 자던 아이들이 일어나서 계단에 쪼그리고 앉아 책을 읽거나 텔레비전을 본다. "맛있는 화이트 와인이 있는데 한 잔 어때요?" 점심 전인데도 권하는 대로 기분 좋게 차가운 이탈리아 와인으로 목을 축인다. 아둥바둥하지 않고 약간은 느린 생활이 이곳에선 잘 어울린다. 물론 샤쓰타 씨와 가족들의 성품에서 비롯된 것이겠지만 말이다. 세상의 속도에 좌우되지 않고 시간을 소중히 보내며 오래도록 좋은 것을 추구하고자 하는, 그런 공기가 이 집에는 존재한다.

지열을 이용해 천장과 마루를 차게 그리고 따뜻하게

이곳을 방문한 날은 30도가 훌쩍 넘어가는, 8월 말의 늦더위가 기승을 부리는 날이었지만 실내에 한 발짝 발을 들여놓는 순간 오싹할 정도의 냉기가 느껴졌다. 신고 있던 신발을 벗고 맨발을 바닥에 대보았다.

벽 등의 표면온도를 잴 때 사용하는 '방사온도계'로 실내온도를 재보았다. 패밀리룸의 실내온도가 27도인 데 반해 벽이 28도, 바닥이 25도, 천장이 26도다. 이 집에는 에어컨이 한 대도 없다. 천장과 바닥에는 냉난방을 위한 배관이 설치되어 있어 여름엔 18도의 냉수, 겨울엔 38도의 온수가 순환한다. 그래서 썰렁한 느낌이 드는

↑↑ 하쿠산거리와 닿아 있는 층의 문을 열면 한 토방(신발을 신은 채 다니는 공간)과 계단이 나온다. 이곳이 현관인 듯하다.

↑↑ 아이들 방이 있는 층. 다락에도 방이 있고, 그레이팅(grating: 격자 모양의 철물) 계단을 올라가면 옥상으로 나갈 수 있다.

↑ 패밀리룸에서 식탁을 둘러싼 사쓰타 씨 부부와 장모님, 딸들. 이 검은 바닥 밑에 냉온수 파이프가 묻혀 있다.

TT　씻어내기(시멘트가 완전히 굳기 전에 표면을 씻어내어 골재를 노출시킴)를 한 카운터에
　　와인잔을 올려놓는 사쓰타 씨.
　　주방과 수납장의 문들은 전부 삼나무의 무구재(無垢材: 하나의 원목을 재단하여 그대로 사용).
TT　패밀리룸의 바로 위층은 '무법지대'다. 아이들과 고양이들의 비밀장소다.
　　이 계단은 텔레비전을 볼 때는 관람석이 된다.

것이다. 마치 터널에 들어갔을 때 느껴지는 듯한 기분 좋은 시원함이었다.

에어컨처럼 실내공기를 데우는 게 아니라 바닥과 천장 등을 직접 차게 하거나 따뜻하게 해서 거기서 나오는 복사열을 이용하는 것을 복사냉난방이라고 한다. '하쿠산거리의 집'에서는 복사냉난방에 지열을 이용하고 있다. 땅속 깊은 부분은 지상의 온도에 좌우되지 않고 1년 내내 안정적이다. 구조상 땅속에 24미터짜리 말뚝을 박아야 했기에 기왕이면 거기서 열을 끌어다 냉난방에 활용하는 방법을 떠올린 것이다.

그러고 보면 말뚝은 '한 그루 나무 같은 집'을 지탱할 뿐만 아니라 땅속의 열에너지를 퍼올리는 '뿌리'이기도 한 셈이다. 여름이든 겨울이든 우선은 지열을 이용해 물을 데우거나 차게 하고, 부족한 부분은 에어컨의 실외기 같은 공냉_{空冷}히트펌프로 보충한다. 선구적이긴 한데 실제 생활하는 데는 어떨까.

"난방은 쾌적해요. 하지만 냉방을 할 때 습도조절이 어려워요. 습도를 너무 내리면 제습기를 돌려도 결로가 생기지요. 지금은 설정온도를 높게 잡아서 창문을 계속 열어둬요." 지열을 이용하는 것도 건축가의 자택이기에 가능했던 도전이다.

준공으로부터 6년이 경과한 지금, 이 시스템에도 해결해야 할 숙제가 생겨났다.

"지열을 이용한 히트펌프와 일반 공냉히트펌프를 비교하면 초기비용도, 유지비용도 지열 쪽이 높아요. 과연 실제로 에너지 소비를 줄이고 있다고 할 수 있을까요? 설비기기의 수명이 다했을 때 지열을 이용한 설비는 다음 세대에 부담을 주지 않을까요? 역시 기계에 의존하지 않고 자연의 바람과 빛, 열 등을 잘 활용하는 생활이 가장 좋을 거예요."

시간과 더불어 변화해가는 '꾸미지 않은 집'

'하쿠산거리의 집'의 설계감리에 관여한 또 한 사람의 건축가가 있다. 가노 마사키鹿野正樹 씨다. 그는 분쿄구文京区의 경관을 보존하고 마을의 방재계획에 애쓰는 건축가다. 자택의 설계에 왜 파트너가 필요했는지 물었다. "시공주施工主가 되고 싶었거든요"라며 사쓰타 씨는 웃었다. 직접 생활하는 사람으로서 혹은 객관적 시점을 유지하면서 이 집을 짓기 위해서는 가노 씨의 힘이 필요했을지 모른다. 두 사람은 '투수 사쓰타, 포수 가노'의 관계였다고 한다. 이탈리아에서 함께 생활했던 그들은 감성적인 면에서 서로 공감하는 부분이 많았다. 옥상의 빨래건조대 같은 장소는 베네치아의 집집마다 있는 '알타나ALTANA'라 불리는 옥상테라스의 이미지를 떠올리며 작업한 것이다.

이곳 공사는 시공사에 일괄발주한 게 아니라 각각의 전문가들과 직접 계약을 체결했다. 그 때문에 두 사람이 시공의 관리를 도맡아야 했다. 왜 그런 형식을 취했는가, 이유를 물으니 "첫째는 비

→ 하쿠산거리에서 바라본 외관. 흙을 섞어서 표정을 부드럽게 만들었다. 1층과
2층의 층단 높이를 낮추면서 테라스와 대로의 거리가 가까워졌다.

⊥⊥ 주방에서 작업하는 아내 스미코 씨. 전문가용 조리스토브가 눈에 띈다.

⊥⊥ 욕실과 세면대의 바닥. 흰색 시멘트에 안료를 넣어 다감했다. 욕실은 자연스
럽게 씻어내기를 한 것처럼 변했다.

TT 사무실에서 회의를 하는 사쓰타 씨와 가노 씨. 발밑으로 거리와 동네가 아련
히 보인다.

TT 두꺼운 철제계단. 아름다움이 돋보이는 형태에 자연스럽게 녹이 스는 모습을
살리기 위해 도장을 하지 않았다. 가족이 지나다니는 부분은 반질반질 광택
이 난다.

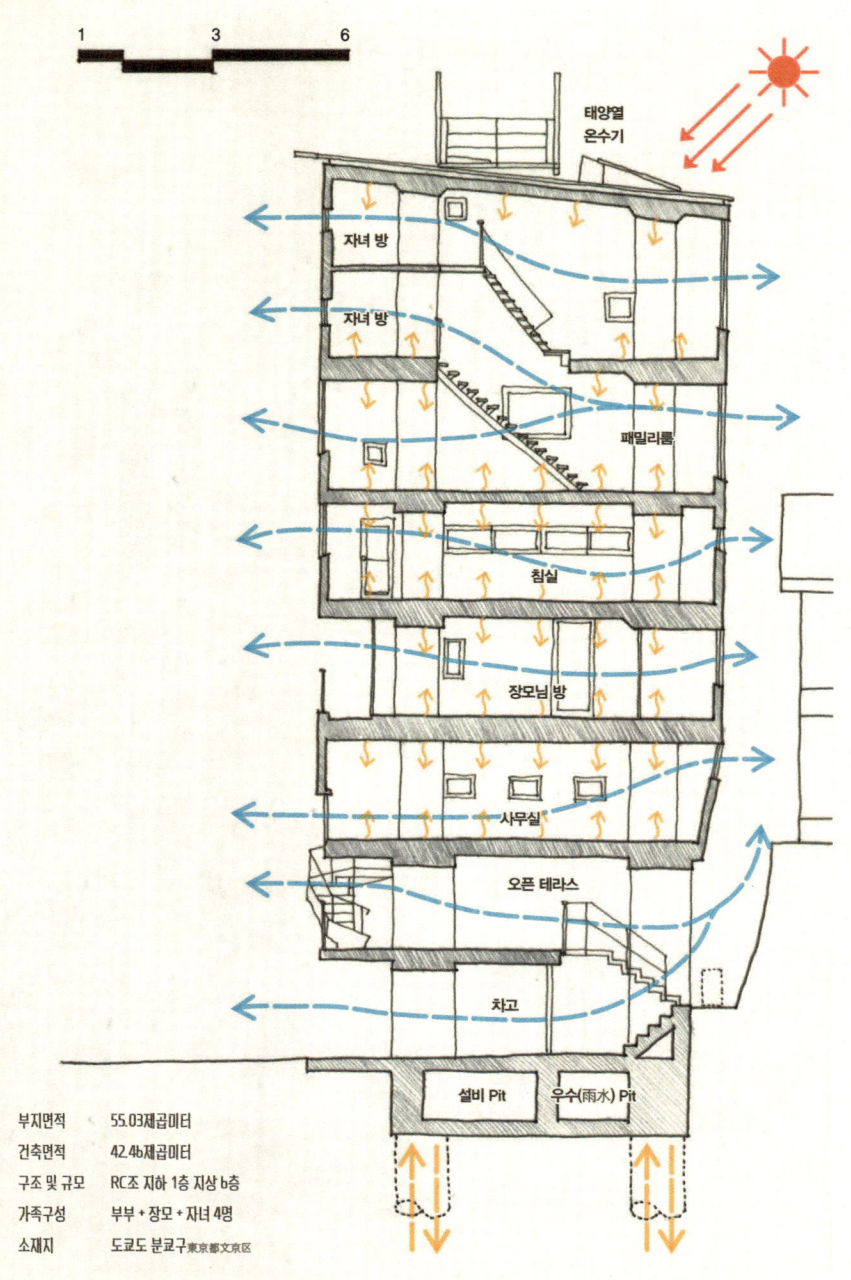

1 3 6

태양열
온수기

자녀 방

자녀 방

패밀리룸

침실

장모님 방

사무실

오픈 테라스

차고

설비 Pit   우수(雨水) Pit

부지면적   55.03제곱미터
건축면적   42.4b제곱미터
구조 및 규모 RC조 지하 1층 지상 b층
가족구성   부부 + 장모 + 자녀 4명
소재지   도쿄도 분쿄구東京都文京区

용을 줄이고 싶었습니다. 가노 씨는 차치하고 제가 일하는 비용은 들지 않으니 현장감독의 일당이 불필요해진 거예요. 또 한 가지 이유는 함께 일할 미장이를 직접 선택하고 싶었기 때문입니다"라는 답이 돌아왔다.

이 현장을 담당한, 집주인의 신뢰가 두터운 미장 장인은 요코타 공업橫田工業의 요코타 씨다.

사쓰타 씨는 '미장 무한 애정자'로 유명하다. 당연히 '하쿠산 거리의 집'에는 미장으로 마무리를 한 매력적인 공간이 곳곳에 숨어 있다.

먼저 외벽이다. 관동지방에서 흙벽에 사용해온 아라키다토荒木田土: 늪 등에서 나오는 붉고 차진 흙와 현장의 흙, 석회를 함께 섞은 모르타르를 빗질 마감했다. 7층짜리 탑과 같은 건물이지만 흙 멋을 살린 질감이 부드러운 분위기를 자아내고, 손맛이 가미된 흔적이 주변 빌딩과는 전혀 다른 존재감을 낳고 있다.

인테리어도 철저하게 미장으로 마무리했다. 벽은 물론이고 냉난방을 하는 천장과 바닥에도 모르타르와 회반죽을 많이 사용했다. 무더운 한여름임에도 불구하고 시원한 패밀리룸의 검은색 바닥은 아이들이 아니라도 털썩 주저앉고 싶어진다. 4층의 욕실바닥은 사용하는 동안에 자연스럽게 골재가 드러나 마치 씻어내기 마감을 한 것 같다.

왜 그렇게까지 미장에 빠져들었을까. 그 매력은 어디에서 찾을 수 있을까.

"덧바른 부분이 시간과 더불어 변해가면서 매력을 더하기 때문"이라고 말하는 그의 뇌리에는 오랜 시간이 흘러 복잡하고 풍부한 표정을 지니게 된 이탈리아의 거리가 떠오르고 있지 않을까.

미장 마무리 말고도 사쓰타 씨가 고집스럽게 지킨 두 가지 원칙이 있다. 철재는 도장하지 않고 사용하며, 나무는 원목을 재단하여 있는 그대로 사용한 것이다. 사쓰타 씨는 이 집을 '꾸미지 않은 집'이라고 부른다. 그것은 소재 본연의 질감을 중시하여 시간과 더불어 변해가는 모습을 즐기면서 함께 살아가고 함께 늙어갈 수 있는 집을 말한다.

'도심 속에 자생하는 한 그루 나무' 같은, 땅에 뿌리를 내리고 자연을 받아들인 건축과 집. 그런 공간들로 이루어진 도시는 자연과 대적하는 것이 아니라 더불어 숨쉬고, 시간과 더불어 변해간다. 그리하여 사람과 사람, 과거와 미래가 이어지고, 우리가 살아가는 장소가 된다. 이것이 '하쿠산거리의 집'이 던지는 또 하나의 메시지다.

개인이 소유하고 있는 대지 위에 개인의 재산으로서, 그리고 개인생활을 위한 공간으로서 집은 지어진다. 그러나 그런 집들이 마을을 만들고, 풍경을 만들고, 마을의 역사를 만들어간다. 그렇게 생각하면 우리가 살아가면서 사회와 끊임없이 관계를 맺는 것과 마찬가지로 집짓기도 사회의 구조와 전혀 무관한 것만은 아닐 것이다. 집을 짓는 일은 우리 각자가 자신의 모습을 거리에 기억시키는 것이다.

'하쿠산거리의 집'이라는 이 한 그루 나무는 앞으로 어떤 모습으로 가지를 뻗고 자라날 것인가. 가끔씩 비료와인?를 들고 찾아가 그 모습을 지켜보고 싶다.

글 하야시 미키

03 하늘을 향해 뻗은 녹색의 저택

_그린 펠로

도심 한가운데 비오토프가 있다.
곤충도 새도 사람도 모여든다.

그곳에 모여드는 아이들에게 할아버지, 할머니라고 불리는 집주인 부부는
환경과 사람이 더불어 사는 오가닉 빌딩을 꿈꾼다.

도심 한가운데 솟아오른 녹색빌딩

차에서 내리니 담쟁이덩굴이 덮여 있고, 나무들이 주변을 에워싸고 있는 건물이 눈에 들어왔다. 도심 한가운데 서 있는 녹색 탑이라고 할까. 나고야시 기타구名古屋市北区, 고속도로가 지나가는 바로 옆에 건물이 서 있다.

1997년 교토에서 COP3유엔 기후변화협약 제3차 당사국총회가 열린 해에 이 건물은 준공됐다. 놀라운 사실은 건물주가 기업인도 아니고 건축가도 아닌, 그저 환경문제에 관심 있는 평범한 일반인이라는 점이었다.

펜트하우스옥상가옥를 포함하면 5층 건물인 '그린 펠로Green Fellow.' 이름은 '그린'을 넣고 싶다는 생각과 캐네디 대통령의 연설 첫머리에 등장하는 'My fellow citizens'에서 따온 '펠로'가 합쳐진 것이다. 그 연설은 '다음 세대에 햇불을 전해주자'로 이어진다. 'fellow'의

47

의미는 동료, 동지, 남자를 뜻한다. 건물주인 마키무라 요시쓰구牧村好貢 씨를 녹색의 남자라고 부를 수 있겠다. '다음 세대에 전해준다'는 것도 이 건물에 딱 들어맞는 표현이다.

마키무라 씨가 환경문제에 관심을 가진 것은 미나마타병이 시작이었다. 미나마타병을 알게 되고, 환경과 관련해 사회에 보탬이 되어야겠다는 강한 의지가 생겨났다. 이 같은 생각의 연장선에서 대학을 졸업한 후 개발도상국 출신의 연수생을 돌보거나 일본어교사로 봉사활동도 했다.

환경 테마파크나 에코 빌리지 같은 걸 만들고 싶다는 바람에서 기업과 지자체에 제안서를 보내보았지만 녹록지 않았다. 그래서 아버지에게 물려받은 기계제조업체 영업소가 있던 이 땅에 직접 녹색이 풍요로운 저에너지 친환경건물을 지어보기로 결심하기에 이른 것이다.

건물 1층은 카페다. 나무 사이로 햇살이 예쁘게 비치는 정원이 있는 그곳은 도심 한복판이라고는 도저히 생각할 수 없는 공간이다. 2층과 5층펜트하우스은 영어유치원, 3층은 요가교실, 일본야생조류협회, 설계사무소, 4층은 마키무라 씨의 자택과 사무실로 사용한다. 입주업체는 입소문을 통해 모집하는데 해당업체의 업무내용, 마키무라 씨의 철학에 찬성하느냐 아니냐로 결정한다.

환경을 철저히 배려한 외장과 내장

외벽은 담쟁이덩굴과 당나팔백합으로 녹화했다. 펜트하우스의 지붕은 시둠Sedum이 무성하게 자라 있고, 계단과 복도에는 화분에 심은 나무와 식물로 가득하다. 처마 대신에 태양광발전 패널을 사용해 햇빛을 차단하고 에너지를 생산하는 일석이조 효과를 누리고 있다. 규모는 작지만 풍력발전도 하고, 정원에는 빗물저장탱크가 묻혀 있다.

단열재는 탄화코르크 33밀리미터와 ALC패널, 벽면녹화로 마무리했다. 4층에 자택과 사무실이 있지만 건물주의 공간뿐 아니라 입주업체들의 공간에도 나무와 종이, 규조토珪藻土 등의 자연소재를 사용해 환경과 입주업체 사람들의 건강을 확실하게 챙기고 있다. 겉으로 드러난 소재뿐 아니라 접착제와 도료도 친환경소재를 사용했다. 모든 부분에서 최대한 합성화학물질을 사용하지 않으려고 신경 쓴 점이 돋보인다.

다만 외벽에는 내구성과 비용을 고려해 쿠득이하게 합성소재를 사용할 수밖에 없었다고, 안타까운 듯 마키구라 씨는 말한다. 하지만 합성도료에 주변 강에서 얻은 진흙을 섞어 화학물질의 비율을 줄였다. 그 덕분인지 외벽은 15년이 지난 지금도 별로 낡지 않았다. 아마도 강의 진흙을 섞은 데다 녹화까지 해놓았기 때문이 아닐까 하는 설명이다.

벽면의 녹화는 준공할 때 담쟁이덩굴 10즈를 1500엔에 구입한

⊥ 5층의 펜트하우스는 지붕에도 화초가 있다. 처마는 태양광발전 패널이다.
안에서는 영어유치원 아이들이 큰소리로 웃고 있었다.

⊤ 텃밭에서 작업하는 마키무라 씨 너머로 많은 건물의 지붕들이 보인다. 이곳은 옥상이었다.

⊥⊥　녹화식물인 시둠.
⊥⊥　옥상에 열매를 맺은 유자.
⊢　옥상에서 자라난 주아(珠芽).

ㄱ 2층의 영어유치원은 나무를 충분히 사용하여 커다란 들보가 도드라지게 했다.
ㄴ 4층의 마키무라 씨 사무실. 부인도 일손을 거들고 있다. 내부는 식물로 넘쳐난다.
ㄷ 3층 요가교실의 벽은 규조토로 투박한 느낌을 살려 마감했다.

것을 서쪽에 심었다. 단돈 1500 엔짜리 건물보호재다.

녹화외벽과 창가의 영향과 통풍을 고려한 공간계획도 한몫해서 4층의 사무실은 여름에 에어컨을 켜는 일이 거의 없다. 냉온수를 사용한 냉난방 패널설비가 있지만, 냉방은 여름 한철 동안 4~5회, 난방은 한 달 정도만 하면 된다. 여름엔 창문을 열어놓으면 바람만으로도 시원하다. 개구부開口部는 알루미늄새시와 페어유리를 사용했다. 알루미늄새시는 일반새시보다는 따뜻하지만 단열기능이 가장 우수한 제품은 아니어서 겨울엔 생각보다 춥다. 단열이 우수한 목제새시였으면 좋았겠지만, 한정된 예산 안에서 환경을 100퍼센트 배려하기란 결코 쉽지 않았을 것이다.

이만큼의 배려가 돋보이는 건물을 보조금도 받지 않고 개인의 힘으로 해결했다는 것만으로도 마키무라 씨의 높은 환경의식과 뜨거운 열정이 절절하게 전해졌다.

옥상 텃밭에는 유자가 열매를 맺고

그린 펠로의 슬로건은 자급자족이다. 마키무라 씨는 에너지도 물도 음식도 자급자족을 하고 싶었다. 하지만 펜트하우스를 세우는 바람에 옥상텃밭이 좁아져 채소의 자급자족은 불가능해지고 말았다. 이를 보충하기 위해 1층 정원은 허브와 채소 등 먹을 수 있는 식물을 심어서 먹거리가든으로 가꿨다. 풍차로 생산해낸 전기는 빗물저장탱크의 양수펌프와 욕실 환기구에 사용하고 있다. 저장된 빗물은 마키무라 씨네 화장실 용수와 건물에 있는 식물에 주는 물로 사용하고 있다.

5층에 있는 5평 정도의 텃밭에는 빨간색 꽃이 핀 체리세이지, 커다란 열매를 맺은 유자, 허브 등이 심어져 있다. 마는 캔 적이 없지만 주아가 열린다면서 손에 올려놓고 보여주었다. 그 손을 보고 있자니 여기가 어딘지 그만 잊어버렸다. 고개를 드니 마키무라 씨 너머로 건너편 집들의 옥상이 이어지고, 하늘이 넓게 펼쳐져 있다. 이곳은 옥상이었던 것이다. 넓지 않은 공간이지만 이곳 또한 마키무라 씨의 고집이 엿보인다.

마키무라 씨가 사용할 예정이었던 펜트하우스는 현재 영어유치원 교실로 빌려준 상태다.

펜트하우스에서는 나무와 규조토 등의 자연소재로 둘러싸인 방에서 아이들이 자유롭게 놀고 있다. 마키구라 씨는 계단에서 만난 아이들의 이름을 일일이 부르며 말을 걸었다. 단순히 '영어유치원에 다니는 아이들'이 아니라 이 건물의 소중한 '일원'이라는 의미를 담은 마음의 표현일 것이다. 그런 관계를 보여주듯 마키무라 씨 부부는 아이들에게 할아버지, 할머니로 불리고 있다.

→ 살풍경한 도심 한가운데 서 있는 그린 펠로는 도심 속 비오토프가 되었다.
ㅠ 1층의 먹거리가든.
ㅠ 완성 당시 심어진 당나팔백합.

TT　　많은 화분이 놓여 있는 계단과 통로. 물주기는 부인과 마키무라 씨의 일과다.
TT　　먹거리가든 한 켠에 있는 펌프. 매설된 빗물저장탱크에서 물을 퍼올린다.

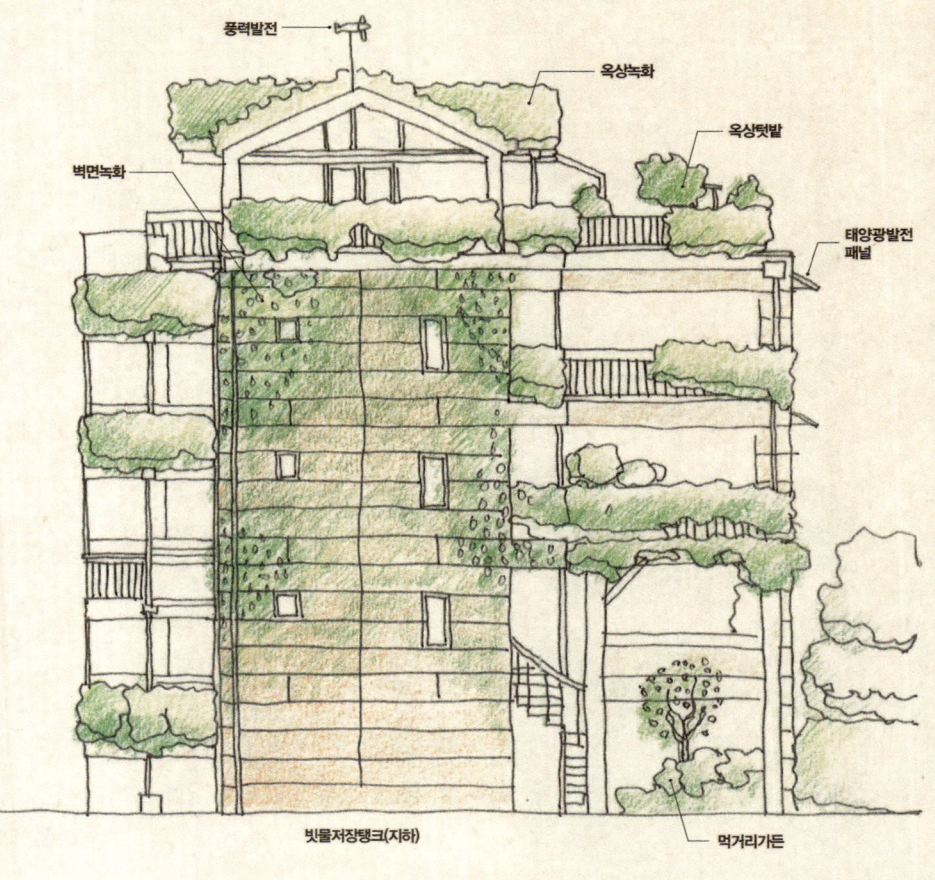

풍력발전

옥상녹화

옥상텃밭

벽면녹화

태양광발전
패널

빗물저장탱크(지하)

먹거리가든

부지면적	225.5제곱미터
건축면적	131제곱미터
구조 및 규모	철골 ALC조 4층+펜트하우스
가족구성	남편, 아내
입주업체 수	5
소재지	아이치현 나고야시 기타구愛知県名古屋市北区

입주업체와 함께 만드는 동네의 비오토프

비오토프는 간단히 말하면, 곤충과 새가 모이는 생물의 서식공간을 의미한다. 주변 생물이 모여드는 장소를 생각하면 이해하기 쉬울 것이다. 그린 펠로는 동네에서 곤충과 새가 모여드는 비오토프로의 역할도 하고 있다.

이 녹색으로 둘러싸인 건물은 어떻게 관리하고 있을까. 계단과 복도에 있는 식물에 빗물저장탱크에서 끌어온 물을 주는 것은 매일 아침, 부인과 마키무라 씨의 일이다. 부인은 위층부터 아래로 내려오면서, 마키무라 씨는 아래층부터 위로 올라가면서 물을 준다. 1시간 정도 걸린다. 부인에게 귀찮지 않은지 물었더니 "아니요. 식물을 좋아하니까 귀찮지 않아요"라고 미소로 답했다. 마키무라 씨 부부가 여행을 떠나 있는 동안은 입주한 사람들이 식물에 물을 준다.

"이곳의 가장 큰 재산은 바로 사람들이죠." 부인은 주저하지 않고 이렇게 말했다. 이곳에 드나드는 사람들 모두 좋은 사람이어서 안심할 수 있다는 것이다. 사람들의 출입이 잦은 어수선한 생활이 불편하지는 않은지 물어보았지만 오히려 너무 즐겁다고 한다. 실은 마키무라 씨에겐 교토 남부의 기즈가와木津川에 다실茶室풍으로 지은 자택이 있다. 업무상 그린 펠로에 있어야 할 때가 많아 교토의 자택에는 한 달에 두 번 정도밖에 가지 않는다. 부인은 이곳이 비좁아 교토의 자택이 좋다면서도 그린 펠로에서의 생활이 즐거운 듯했다.

마키무라 씨는 이 건물을 종합적 오가닉 빌딩으로 만들고 싶어 한다. 건축뿐 아니라 입주업체의 자질과 업종도 포함해서 친환경적이면서 오가닉한 건물로 만들고 싶다고 말한다. "보통 건물들이 100점짜리로 완성되어도 시간이 갈수록 점수가 내려가잖아요. 하지만 이 건물은 준공 당시에는 80점, 지금은 120점이죠." 식물도 훌륭하게 자랐고, 입주한 사람들과도 마음이 잘 맞는다. 이런 요인들이 보태져 비로소 이상적인 건물이 된다. 다양한 것이 합쳐지면서 가치가 올라가는 건물이면 좋겠다는 다키무라 씨의 간절한 바람이 전해진다.

주변은 준공업지대인데다 건너편에 커다란 주차장이 2개 있고 바로 옆도 주차장이어서 녹지가 풍성한 동네는 아니지만 그린 펠로만큼은 다르다. 임시휴업 중인 1층 카페 안을 둘러보았다. 그 잠깐 동안에도 몇 사람이나 들러 "오늘 영업하나요?"라고 물었다. 지금은 120점이라고 말했던 마키무라 씨에게 목표는 200점인가요, 라고 묻자 "그렇지요"라고 말하듯 미소만 짓는다. 사람들과 관계 맺는 방식까지 고려해서 건물의 형태를 생각한다는 것은 지금껏 상상해본 적도 없었다.

건물이라는 그릇 안에서 무언가를 키워나간다. 식물과 마찬가지로 그린 펠로에서는 사람과의 관계도 키워가고 있는 듯하다. 앞으로 미래에 이 건물을 어떻게 할 것인가, 하는 질문에 마키무라 씨는 자신이 관리할 수 없게 되면 자신의 '신념'을 이해하고 계승

해줄 사람에게 넘겨주고 싶다고 한다. 다만 그것은 아직 먼 훗날의 이야기다. 앞으로도 마키무라 씨 부부가 그린 펠로의 아버지가 되고 어머니가 되어 입주업체의 모든 이들을 다독여 아우르며 그린 펠로의 완성을 향해 이곳 생활을 즐겨나갔으면 좋겠다.

글 하마다 유카리

숲의 보배를 연료로 삼다

_펠릿난로

에너지의 위기를 알게 된 지금

고갈연료인 석유를 언제까지 사용할 수 있을까. 또 언제까지 인간 생명의 위험과 맞바꾼 원자력발전에 의지해야 하는가.

최근 불안정하고 위험한 에너지 사정을 고려해 장작이나 펠릿을 연료로 쓰는 사람들이 늘고 있다. 펠릿은 나무를 원료로 한, 안전하고 안심할 수 있는 연료다.

옛날 일본에서는 밥을 지을 때도, 물을 데울 때도 장작을 사용했다. 원래부터 목질 바이오매스 연료를 사용했던 것이다. 그 시절로 돌아갈 수는 없겠지만 선대의 생활에서 배울 필요가 있지 않을까. 우리의 일상생활에서는 여름 냉방보다 겨울철 난방에 에너지가 더 많이 필요하다. 난방에 에어컨을 사용하는 가정에서는 여름보다 겨울에 전기사용료가 높을 것이다. 난방에 어떤 연료를 사용하느냐가 앞으로 우리가 해결해야 할 과제가 될 것이다.

가장 좋은 방법은 장작을 사용하는 것이다. 나무를 말린 것이므로 생산하는 데 필요한 에너지도 그다지 크지 않다. 다만 한 가지 난점은 장작을 보관할 장소다. 방 안에 소량을 둔다고 해도 나머지 더미는 마당 어딘가에 둬야 한다. 마당이 있는 주택이라면 가능하겠지만 도심의 마당 없는 주택에선 보관이 불가능하다.

안전해서 안심할 수 있는 연료

펠릿은 쌀을 사듯 사서 쓸 수 있다. 펠릿은 대부분 20킬로그램짜리 봉투로 판매한다. 실내에 들여놔도 바닥이 더럽혀지지 않는다. 도쿄보다 남쪽에 있는 그다지 춥지 않은 지역이라면 20킬로그램짜리 한 봉투로 3~4일은 사용할 수 있다. 봉투당 가격이 750~800엔 정도로, 1000Kcal의 열량을 얻는 데 펠릿은 7~8엔, 석유는 11~12엔이 든다. 펠릿이 더 싸다.

펠릿이란 나무를 자를 때 나오는 톱밥에 열과 압력을 가해서 굳힌 고형연료다. 나무를 자르고 나면 나오는 부스러기다. 폐기해온 찌꺼기를 재활용하는 것이다. 나무를 태우면 이산화탄소가 발생하지만 원래 나무는 이산화탄소를 빨아들여 산소를 만든다. 거대한 탄소순환 안에서는 나무에 붙어 있던 이산화탄소가 배출될 뿐이라고 생각하기 때문에 연소에 의한 이산화탄소의 증가는 제로(0)로 카운트된다. 온난화대책으로서도 좋은 조건의 소재이다.

펠릿난로도 몇 년 전까지는 고가의 수입품밖에 없었지만 지금은 수입품의 절반 가격인 24만 엔대의 국산도 판매되고 있다. 석유난로와 마찬가지로 FF(Forced Flue, 강제급배기식)여서 대규모 굴뚝이 필요하지 않고, 실내공기도 오염되지 않는다. 설치도 간단해져서 이전에 비하면 쓸 만해졌다. 홈센터나 통신판매, 펠릿난로 판매회사 등에서 살 수 있지만 앞으로 수요가 많아지면 슈퍼나 주유소 등에서도 쉽게 구할 수 있게 될 것이다.

불에 의해 발생하는 열은 매우 따스한 느낌이 들며 몸에도 좋다. 공간만 잘 안배

하면 펠릿난로 한 대로 집 안 전체의 난방이 가능할 정도다. 작은 덩어리지만 효율성이 매우 높고 오래 연소되는 것도 펠릿의 특징이다.

도심에서 사용할 경우, 연기가 신경 쓰이지만 연기가 거의 안 나는 제품도 있다. 석유에 의해 발생하는 배기가스가 인체에 더 해롭지 않다는 것은 두말할 필요도 없다. 현재 아파트나 도쿄의 오피스 건물에서 펠릿난로를 설치해 사용하는 것도 검토되는 등 사용 범위가 넓어지고 있다.

산에서 태어나는 연료인 나무는 싹을 틔우고 나서 약 80년 만에 건축재료가 된다. 다양한 용도로 사용되고 난 후 마지막에 남는 것이 찌꺼기다. 그러나 이것은 찌꺼기가 아니다. 성장하는 80년 동안 자신이 쓰일 순서를 기다려온 나무의 일부다. 이것을 보물처럼 가루가 되어도 찌꺼기가 아닌 보배로 사용해야 한다. 원자력이 불안하다면 전기스위치를 켜지 않으려는 노력도 필요하지만 지금 당장 우리가 사용하고 있는 에너지의 실체를 다시 살펴봐야 하지 않을까.

글 하마다 유카리

TTT　나무톱밥으로 만드는 고형연료인 펠릿. 사진제공: (주) 사이카이 산업.
TTT　펠릿난로. 사진제공: (주) 사이카이 산업.
TTT　펠릿의 원료가 되는 톱밥 부스러기. 사진제공: (주) 구리코마(栗駒) 목재.

  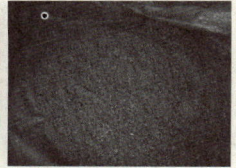

음식물 쓰레기를
가스와 액체비료로 바꾸다

_바이오가스 플랜트

밭 한가운데 홀연히 서 있는 목조작업실. 눈앞의 울타리 안에 있던 흑돼지 세 마리가 낯선 침입자를 발견하고 벌떡 일어섰다. 흔하디 흔한 농촌풍경처럼 보이지만, 이곳은 나름 유명한 자연에너지 생산공장이다.

화지(和紙: 일본 전통종이)의 고향으로 알려진 사이타마현 히기군 오가와마치(埼玉県比企郡小川町)는 최근 몇 년 사이 유기농업이 인기를 끌면서 자급자족을 지향하는 이주자도 적지 않다. 이 지역에서 행정과 마을주민, NPO 삼자가 연계해 10년 전부터 음식물 쓰레기를 가스와 액체비료로 바꾸는 바이오가스 플랜트를 운영하고 있다. 그 구조를 대략 살펴보자. 마을에서는 가정과 급식센터에서 나오는 음식물 쓰레기(약 3000세대 분)를 회수해 공장으로 실어간다. 공장 내부에는 산소가 들어가지 않게 만든 발효조가 있고 그 안에는 늪에서 자라는 혐기성 미생물이 살고 있다. 음식물 쓰레기를 투입하면 미생물의 작용으로 메탄과 이산화탄소와 그 외의 유기물로 분해된다. 메탄과 이산화탄소는 에너지가, 액체상태의 유기물은 비료가 된다. 이 공장에서 생산한 액체비료는 22곳 정도의 농가가 구입하고 있다. 가스는 회원들이 자유롭게 쓸 수 있다.

바이오가스 플랜트 기술을 제공한
구와하라 마모루 씨

바이오가스 플랜트 기술을 제공한 것은 NPO '후도'의 대표인 구와하라 마모루(桑原衛) 씨다. 오가와마치의 유기농가다. 구와하라 씨에 따르면, 바이오가스 플랜트의 발효작용으로 원료가 갖고 있던 에너지의 40퍼센트 정도가 가스로 이용되고, 60퍼센트 정도는 비료가 되어 대지로 돌아간다고 한다. 그 비율은 원료에 관계없이 안정적인데, 이는 자연계가 낳은 절묘한 조화다. 식량난에 시달리는 사람도 많은 한편, 대량의 옥수수가 자동차용 에탄올 원료로 소비되고 있는 것이 현실이다. 앞으로 에너지와 식량 간의 겨루기가 한층 격렬해질 것으로 예상되는 상황에서 이러한 자연계의 비율은 지속가능한 사회를 생각할 때 시사하는 바가 크다.

한편 바이오가스는 프로판가스에 비하면 칼로리는 3분의 1 정도지만, 1세제곱미터의 바이오가스가 있으면 5~6인 가정의 하루치 조리가 가능하다. 발전기나 제초기를 돌릴 수도 있다. 매일 1세제곱미터의 바이오가스를 얻기 위해서는 가정의 음식물 쓰레기 17킬로그램(40명 상당) 혹은 같은 양의 콩비지가 필요하다.

지역의 물건과 경제를 순환시키다

바이오가스 플랜트는 경제도 순환시킨다. 마을에서는 많은 음식물 쓰레기를 소각

처분하고 있지만 소각보다는 공장에서 자원화하는 편이 저렴하다. 비용 차이를 계산해보니 킬로그램당 20엔 정도다. 공장용으로 세대당 연간 약 50킬로그램의 쓰레기를 거두어 들이는데 음식물 쓰레기를 내준 주민에겐 3000엔 상당의 지역화폐를 제공한다. 이 통화로 액체비료를 사용하는 농가에서 신선한 채소를 살 수 있다. 농가는 받은 지역화폐로 액체비료를 살 수 있고, 사무실에서 현금으로 바꿀 수도 있다.

구와하라 씨의 이야기를 듣고 소박한 의문이 떠올랐다. 오가와마치의 세대 수는 약 1만 3000이다. 마을 전체에서 음식물 쓰레기를 자원화할 계획은 없을까.

"바이오가스 플랜트는 액체비료를 사용하는 농가가 책임지고 관리하고 있습니다. 그런데 규모가 커지면 전담직원을 둬야 해 유지관리비가 필요해집니다. 그렇게 일을 맡겨버리면 사회적 비용이 점점 늘어나겠지요."

대규모 설비를 만들면 대개 거대자본이 운영에 뛰어든다. 그렇게 되면 지역에 돌아가는 돈은 적어지기 마련이다. 하지만 서로 얼굴을 마주하며 각자가 할 수 있는 일을 하다 보면 돈은 지역 내에서 순환한다.

TTT　바이오가스 플랜트 내부. 안쪽에 검게 부풀어 오른 것이 가스다.
TTT　밭 안에 세워진 바이오가스 플랜트.
TTT　남은 급식을 먹은 돼지의 분뇨를 발효조에 넣는다.

바이오가스 플랜트에 있던 돼지들은 거기서 무엇을 하고 있는 걸까.

"아이들이 남긴 학교급식을 먹이고 있습니다." 공장에 들어오는 급식센터의 음식물에는 우동이나 밥 덩어리도 있다. 그것을 음식물 쓰레기와 함께 발효시키긴 아깝다. 영양가가 높아서 미생물의 작용도 나빠진다. 이러한 상황에서 돼지들이 등장했다. 돼지가 뱃속에서 소화시킨 분뇨를 공장에서 발효시키는 것이다. 영양만점 식사로 자라난 돼지는 다시 급식용으로 제공될 예정이다.

지역의 물건과 경제를 순환시키는 바이오가스는 음식의 순환으로까지 확장되고 있다.

글 히라야마 토모코

50와트의 전기를 만들어내다

_태양광발전시스템

마을 외곽의 오래된 민가에 젊은 사람들이 모여들었다. 그들은 "우리에게 필요한 식량과 에너지를 스스로 마련하면서 살고 싶어요"라고 입을 모아 이야기한다. 이 날 사이타마현 오가와마현의 오래된 민가에서는 '자신이 직접 만드는 솔라시스템' 워크숍이 열렸다.

오가와마치에 살고 있는 한 커플도 이곳을 찾았다. 간편하면서도 운반도 쉬운 가정용 발전장치 키트를 구입한 그들은 이를 직접 조립하는 과정을 견학하기 위해서 온 것이다. 키트의 가격은 12만 엔 정도다. 조립방법과 사용법을 가르치는 것은 마을의 에너지 담당 사쿠라이 가오루(桜井薫) 씨와 사업동반자인 고하리 가즈히사(小針和久) 씨다.

비상시에도 사용할 수 있는 독립형 발전장치

워크숍에서는 하루에 약 200와트시(Wh)의 전력을 태양광발전으로 생산할 수 있는 장치를 만든다. 키트의 내용물은 50와트(W)의 전기를 생산할 수 있는 솔라패널이

한 장, 발전시킨 전기를 모아두는 배터리, 배터리에 들어가는 전류의 양을 조정하는 컨트롤러, 발전으로 얻어낸 직류전류를 가전제품에 사용할 수 있는 교류로 변환하는 인버터, 그 외의 부속품이다. 설명하는 시간을 포함해 꼬박 하루가 걸려 조립한다.

기초적인 설명을 몇 번이나 반복하면서 강의가 진행된다. 사쿠라이 씨가 워크숍에서 가르치는 시스템은 전력회사의 송전망과 연결되지 않는 독립축전형이다. 일반적으로 보급돼 있는 태양광발전시스템은 송전망에 연결하는 계통연계형으로, 가정에서 다 쓰지 못한 전력은 전력회사에 판매할 수 있다. 현재 일본에 설치돼 있는 계통연계형의 평균 발전능력은 4.31킬로와트(kW)이며, 그 비용은 150만 엔에서 200만 엔 정도다.

이에 비해 독립축전형은 발전한 전기를 배터리에 저장해서 사용한다. 워크숍에서 사용하는 패널은 50와트의 전기를 만들어낸다. 계통연계형과는 비교도 안 될 정도로 미미한 수준이다. 하지만 전화를 사용할 수 있고, 전등을 하나 켤 수 있고, 라디오나 텔레비전도 켤 수 있다. 여름엔 선풍기도 돌릴 수 있다. 비상시의 생존이 목적이라면 이 정도로 충분하지 않겠는가, 라고 사쿠라이 씨는 말한다.

애초에 우리가 일상생활에서 사용하고 있는 전기는 전부 필요한 것인가. 송전선 너머에서 보내지는 전기가 무한할 것이라고 여기고 있는 건 아닐까. 전등이나 컴퓨터, 가전기기 등 각각의 기기를 작동하는 데 필요한 전력량을 우리는 알고 있을까. 스스로 만들어내는 적은 양의 전력은 편리함에 익숙해진 우리의 멈춰 있는 생각을 흔들어 깨운다.

"텔레비전이나 컴퓨터는 태양광발전으로 생산한 전기를 사용하겠다고 정해두면 얼마만큼의 시간을 사용할 수 있는지 알 수 있죠. 그 한계를 체감하면서 생활해보면 흥미로울 겁니다."

내 손으로 바꾸는 미래

사쿠라이 씨가 독립형 태양광발전시스템에 손을 대기 시작한 것은 1990년이다. 원자력발전 반대 전단지를 나누어 주다가 "당신도 전기는 쓰지 않아요?"라는 말을 들은 것이 계기가 되었다. '원자력발전소의 오염된 전기는 필요없다'라는 마음이 있었기에 독립형에 애착이 갔다.

"계통연계형은 자신이 만든 전기가 어디로 가는지 알 수 없지요. 어디에 어떻게 쓰이는지 알 수 있다면 좋겠지만요."

사쿠라이 씨의 꿈은 각 지역에 전력회사가 생겨나고, 그곳에 시민이 직접 발전시킨 전기를 팔면 그것을 다시 지역에서 사용하는 것이다. 전력회사의 발전 부문과 송배전 부문을 나누는 '발송전 분리'가 실현되면 지역마다 작은 전력회사들이 늘어날 것이다. 그 가운데 자연에너지만을 송전하는 회사를 선택해 자신이 발전시킨 전기를 판매할 수도 있다. 자연에너지의 지역생산과 지역소비는 그다지 먼 미래의 얘기는 아닌 듯하다.

"자연에너지를 이용하는 것은 기술과 제품을 보급하는 게 아닙니다. 그 목적은 우리에게 필요한 물건을 우리의 손으로 만들어내는 구조를 정착시키는 겁니다"라고 사쿠라이 씨는 말한다.

제조를 상사나 제조업체에 맡기는 게 아니라 작은 힘을 가진 사람들이 공동으로 부자재를 구입해서 만들어간다. 힘을 가진 사람이 가격을 정하는 게 아니라 구입량에 의해 가격이 결정된다. 그런 구조를 정착시키는 데 최적화된 것이 자연에너지다.

워크숍에 참가한 수확은 태양광발전에 대한 지식을 얻은 것뿐만이 아니었다. 과장해서 말하자면 미래를 향한 자유를 손에 넣은 기분이다. 거대한 힘에 지배당하는 게 아니라 우리 자신의 손으로 미래를 바꾸어갈 수 있는 자유를 말이다.

글 **히라야마 토모코**

TTT   워크숍에서 솔라시스템에 대해 설명하는 사쿠라이 가오루 씨.
TTT   열심히 설명을 듣는 참가자들.
TTT   완성된 발전장치를 이용해 조명을 켰다.

  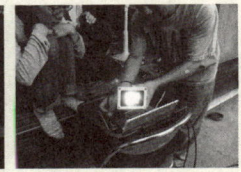

PART + 02

내 손으로 짓는 집

04

완성까지 20년,
부부 두 사람이 만들어가는 집

_낙일장(落日莊)

산속 마을 깊은 곳,

1200평의 황무지를 개간한 땅에 집 한 채가 건축 중이다.

부부 두 사람이 직접 짓고 있는 집이다.

건축이 시작된 지 11년이 지났고, 완성까지는 9년이 남았다.

품과 시간을 아낌없이 들이는 나날이 반복되고,

　　삶의 에너지를 100퍼센트 쏟아 부으며

오늘도 집짓기는 계속된다.

동남아시아에서 생활했던 경험을 기반으로

처음 낙일장落日莊을 찾았을 때, 여우나 너구리한테 정신을 홀렸나 생각했다. 이바라키현茨城県의 야사토八郷, 현 이시오카시(石岡市) 산속, 나무들이 무성한 숲으로 향하는 급경사진 언덕을 오르자 돌연 눈앞이 환해졌다. 납작한 돌을 깔아놓은 드넓은 정원에서는 멀리 산세가 한눈에 보인다. 본채는 이국의 사원처럼 커다란 기와지붕으로 덮여 있다. 깊은 처마 끝에서는 짙은 그림자가 떨어진다. 마치 산속에 홀연히 등장한 별천지 도원향桃園郷 같은 정취였다. 그곳에서 돌아온 후 '꿈이 아니었을까'라는 생각도 들었지만, 그로부터 1년 후 다시 그곳을 찾았을 때도 낙일장은 그곳에 있었다. 게다가 지난번엔 없었던 건물까지 지어지고 있었다.

낙일장은 환갑이 지난 이와사키 슌스케岩崎駿介 씨와 미사코美佐子 씨 부부가 직접 짓고 있는 자택이다. 미사코 씨가 마지막 부임지인

캄보디아에서 귀국한 이래 부부는 11년째 집을 짓고 있다. 완성까지 앞으로 9년은 더 걸린다고 한다. 20년에 걸친 원대한 계획이다.

부부는 오랜 세월 해외를 돌아다녔다. 동남아시아의 슬럼지역과 농촌의 자립지원활동에도 깊이 관여했다. 슌스케 씨는 유엔아시아태평양경제사회위원회의 슬럼과장을 비롯해 개발도상국의 빈곤대책과 관련된 일을 해왔다. 슌스케 씨가 근무했던 타이에서 미사코 씨도 NGO 직원으로 일하기도 했다. 땅에 뿌리를 박고 생활하는 사람들, 그들과 관계를 맺으면서 부부는 삶의 에너지를 최대한 생활에 쏟아붓게 되었다. 두 사람은 야사토에서 자급자족 생활을 실천하고 있다. 집을 짓는 한편으로 쌀과 채소도 직접 키우고 있다.

동일본대지진이 났을 때 전기는 4일간, 수도는 일주일간 멈췄다. 물은 근처의 폭포수를 퍼오고 조명은 촛불을 이용했다. 식량은 비축해둔 것을 먹었고 부엌일은 프로판가스를 이용해온 터라 평소처럼 사용할 수 있었다. 난방은 장작난로가 있다. 그때의 경험으로 지진 정도라면 별 지장 없이 생활할 수 있다는 걸 알게 됐다고 한다. 물과 흙을 더럽히는 원전사고만 없다면 말이다.

유사시의 피난처도 되는 집짓기의 과정을 부부에게 듣고 있다 보면 그들의 범상치 않은 끈기에 압도된다. 하지만 끈기만으로 이 정도의 건물을 직접 지을 수 있을까. 부부는 둘 다 예술대학 출신이다. 물건을 만들어내는 센스와 재능, 거기에 웬만한 역경은 가볍게 날려버릴 수 있는 서바이벌 정신까지 갖추고 있는 듯하다.

6년에 걸친 비닐하우스 생활

11년 전 도쿄에 소유하고 있던 부동산을 처분하고 구입한 1200평의 토지는 어른 키만 한 조릿대들이 무성한 황무지였다. 한 달여에 걸쳐 부부 둘이서 풀을 베고 개간을 했다. 사설도로의 포장도 두 사람이 해냈다. 창고와 목공작업장으로 쓸 작은 오두막까지 총 세 동의 비닐하우스를 세운 다음 드디어 본채를 짓기 시작했다.

집짓기를 시작한 지 1년 반, 공사현장을 매일 오가는 데 지친 두 사람은 이곳에서 살기로 했다. 쉽고 저렴하며 빠르게 지을 수 있는 비닐하우스 임시가옥을 지은 것이다.

비닐하우스라고 하지만 화장실과 욕실까지 완비된 훌륭한 집이었다. 투명한 지붕을 올려다보면 작은 새의 발바닥이 보였다. 하지만 겨울은 실내온도가 영하로 떨어지는데다, 한여름 대낮엔 쇠파이프의 열기로 실내에 머물 수 없을 정도로 더웠다고 한다. 그 집에서 6년을 살았다. "그 삶도 나름 만족스러웠지만, 본채에서 지내면서부터 훨씬 편해졌어요"라고 말하며 미사코 씨는 웃는다.

본채가 완성된 것은 2년 반 전. 8년에 걸친 시공이었다. 5년은 지하실을 포함한 콘크리트 기초공사에, 나머지 3년은 목조공사와 내장 마감에 걸린 시간이다.

두 사람은 서로의 일을 정했다. 슌스케 씨가 설계와 현장감독, 거기에 전기공사와 배관을 맡고 미사코 씨가 목수 일을 맡았다. 집의 골조가 되는 재목을 깎고 조립하는 일, 지붕에 기와를 얹는 일

→ 2층에서 1층을 내려다본다. 천장으로 가로막히지 않은 개방적인 공간.

↓↓ 슌스케 씨가 깎아낸 콘크리트 벽은 화강암 같은 질감이 느껴진다. 계단도 슌스케 씨의 역작.

↓↓ 부부는 함께 주방에서 음식 만들기를 즐긴다. 싱크대의 맨 윗부분은 한 장짜리 통판으로 마감했다.

⊢ 부부가 함께 산에서 떨어지는 석양을 바라보는 것이 일과다.

등 전문적인 영역은 프로의 손을 빌렸다.

직접 몸을 움직일수록 당연히 비용도 줄일 수 있다. 낙일장의 공사를 외부에 맡겼다면 1억 엔 가까운 비용이 들었을 거라고 슌스케 씨는 말한다. 실제로 들인 비용은 그것의 4분의 1 정도로, 거의 재료비다. 두 사람은 연금으로 생활하고 있으며 집짓기에 필요한 돈은 앞서 말한 도쿄의 부동산을 처분해서 마련했다.

현관에 들어서면 정면에 석조 벽이 보인다. 실은 콘크리트다. 낙일장은 목조건물이지만 내부에 입방형의 콘크리트 골조 두 개를 기초단계부터 세워 올렸다. 물 쓰는 공간을 콘크리트로 만들어 내구성을 높이고 집 전체의 내진성을 끌어올리기 위해서다. 이 콘크리트가 그대로 드러나는 표정이 차갑게 느껴진다며 슌스케 씨가 혼자서 해머와 드릴과 전동 끌로 깎아냈다. 그 흔적이 마치 화강암 같은 표정으로 드러난 것이다. 이 작업에만 1년이 걸렸다.

미사코 씨가 실력을 발휘한 부분은 내장 목공사와 창호 그리고 가구 만들기다. 전문가의 솜씨라 해도 손색이 없을 정도다. 목공기술은 타이 슬럼가에서 도서관 건설에 참가하면서 익힌 것이 전부였으나 이 집을 지으면서 도구 다루는 법이나 세부 마감을 깔끔하게 처리하는 경험을 쌓았다.

부부 두 사람의 집짓기는 관심분야가 서로 다른 만큼 역할분담이 잘 이뤄졌다.

"저는 전기배선, 수도배관 같은 건 하고 싶지 않고, 처음부터 다시 해야 하는 일도 너무 싫어해요. 하지만 남편은 이 모든 걸 개의

치 않죠. 힘들게 벽을 발랐는데 거기에 스테인드글라스를 넣고 싶
다는 생각이 들면 아무렇지 않게 벽을 부숩니다. 반면 바닥이나 벽
을 바르는 것처럼 같은 일을 반복하는 걸 어려워하죠. 수선하거나
정리하는 일도 잘 못해요."

자급자족의 기초 다지기를 목표로

'낙일장'이라는 이름은 서쪽으로 열려 있는 이 토지에서 유래한
다. 맑은 날은 거실에서 이어지는 테라스에서 저 너머 산속으로 빨
려들 듯 떨어지는 석양을 바라본다. 집짓기와 농사의 육체노동을
마치면 직접 만든 요리와 차가운 맥주로 하루가 마무리된다. 그런
두 사람을 위로하듯 태양은 저편 산으로 서서히 기울어간다. 계절
이 바뀌면 태양이 지는 위치도 달라진다. 사계절의 순환을 가까이
에서 느끼면서 부부는 생활하고 있다.

그렇다고 해도 낙일장은 부부 두 사람이 살기엔 너무 장엄하다.
좀 더 간소한 집에서 사는 선택지는 없었을까. 그 질문에 슌스케
씨는 쓴웃음을 지으며 대답한다.

"지금까지 아무것도 없던 깨끗한 초원에 집을 짓는 것이니 오염
된 집은 짓고 싶지 않았어요. 기왕 짓는 건데 좋은 집을 짓고 싶다
는 마음으로 스케치를 하다 보니 점점 커졌습니다."

슌스케 씨가 이 대지 위에 세우고자 하는 것은 도시생활에서 동

┐ 2층 천장은 미사코 씨가 격자를 짜서 만들었다.
丄 선반에는 캄보디아의 낫들이 줄지어 놓여 있다. 미사코 씨는 목수 일을 하는 짬짬이 수예를 즐긴다.
丅 거실의 천장 가까이 미사코 씨가 수집한 동남아시아의 농기구들이 놓여 있다.
"예술작품이 아니라 생활 속에서 쓰이는 물건이 좋다"는 미사코 씨.

TT　　콘크리트의 형틀 모양을 확인하는 슌스케 씨. 오렌지색 관은 전선을 통과시키기 위한 것이다.
TT　　비닐하우스로 만든 작업실. 공작기는 인터넷옥션에서 사 모았다.

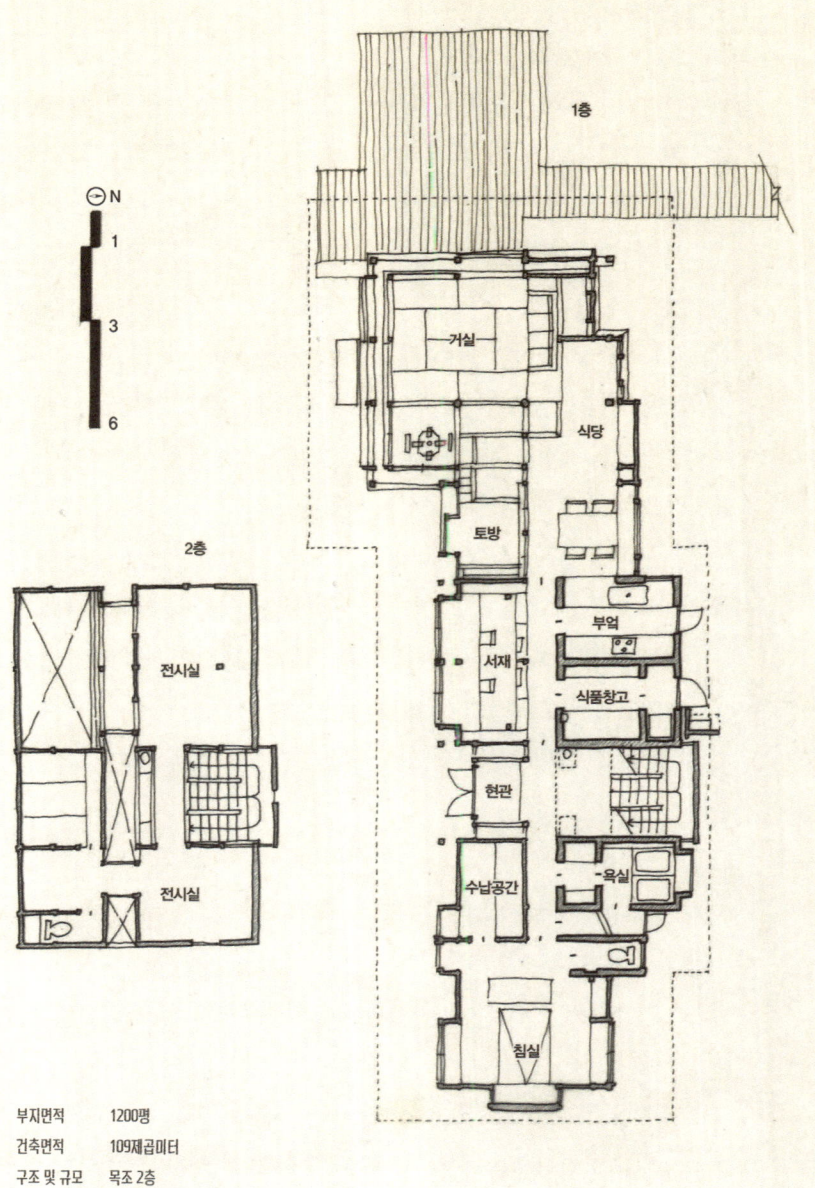

1층

N

1
3
6

2층

전시실

전시실

거실

식당

토방

부엌

서재

식품창고

현관

욕실

수납공간

침실

부지면적   1200평
건축면적   109제곱미터
구조 및 규모   목조 2층
가족구성   부부 2명
소재지   이바라키현 이시오카시 茨城県石岡市

떨어진 자급자족의 전초기지다. 슌스케 씨는 말한다. 시골^{개발도상국}의 자원과 노동력을 도시^{선진국}가 소비하고, 부는 도시에 집중되어 가는 구조는 땅과 동떨어져 있어서 시골^{개발도상국}에 의존하지 않고선 살아갈 수 없는 도시의 위험성을 단적으로 드러내고 있다고. 이와 같은 사회의 한계를 일찌감치 꿰뚫어본 부부는 남북문제와 환경문제를 해결하기 위해 지속적인 활동을 펼쳐왔다. 슌스케 씨는 한때 정치에 몸을 던지고자 했던 적도 있다. 하지만 자신이 아무리 움직여도 사회는 바뀌지 않았다. 그리고 그때의 분한 마음이 낙일장을 계속 짓게 하는 원동력이 되었다.

슌스케 씨는 "사람들을 선동해서 세상을 바꾸는 게 아니라 자신이 바뀌는 것이 중요하다"고 말해왔다. 이를 실천하기 위한 구체적 행동으로 "자신이 먹을 것은 조금이라도 직접 재배하는 것이 현대인의 의무"라고 주장한다. 낙일장은 슌스케 씨에게 자신의 생각을 현실로 만드는 이상적인 공간인 것이다.

우리 각자의 '낙일장'을 만든다는 것

미사코 씨는 또 다른 관점에서 낙일장을 만들어가는 의미를 설명한다.

"이곳에 오기 전에는 저는 농사를 짓고 남편은 집을 짓는 걸 구상하고 있었어요. 그런데 집짓는 일이 재미있어요. 무엇보다 사람들에게 보여주기 위해서나 돈을 벌기 위해서가 아니라, 내가 생각하는 것은 뭐든 주저 없이 해볼 수 있으니까요."

미사코 씨는 세계 곳곳의 민구民具와 농기구를 모아온 수집가다. 본채의 2층은 작은 박물관처럼 수집품이 전시돼 있다. 그중에 조각이 빈틈없이 들어간 목제 낫이 있었다. 캄보디아에서 사용하던 것이라고 한다. 벼만 벨 수 있으면 충분한 물건에 왜 공들여 장식까지 했을까. 이것을 만든 사람들은 기도를 하듯 나무를 조각하고 벼를 벨 때마다 자연에서 느껴지는 신과 함께 즐거움을 나눴을 것이다. 수고를 마다않는 생활에 기쁨이 있고, 아름다운 것은 땀으로부터 생겨난다. 캄보디아의 낫이 낙일장에 겹쳐진다.

낙일장 수준의 집을 직접 짓는다는 것은 아무나 할 수 있는 일은 아니다. 그러나 꼭 집을 짓지 않더라도 우리가 땀과 노력을 들여 일상을 꾸려감으로써 각자의 '낙일장'을 만들 수는 있다. "자기 스스로를 풍요롭게 만들 때 비로소 타인과 풍요로움을 나눌 수 있다"라는 미사코 씨의 말처럼 말이다.

글 히라야마 토모코

05 직접 지은 집에서 농사짓는 삶

_산기슭의 집

직접 키운 농작물을 먹고
직접 지은 집에서 가족 네 사람이 살아간다.
이는 대지가 건네는 은혜로움의 한계를 알고
자기 능력을 아는 일이기도 하다.

이곳에는
분수에 맞는 삶,

얼 굴 을   마 주 보 며
　서 로 의   노 동 과   생 산 물 을   정 당 한   가 치 로   교 환 하 는 ,
돈 에   얽 매 이 지   않 는   삶 이   있 다 .

반농, 반공무원 생활

 야쓰가타케八ヶ岳 산기슭의 가을은 빠르다. 도심에선 아직 늦더위가 위세를 떨칠 때 이곳에는 서늘하고 차가운 기운이 떠다니고 있었다. 나가노현長野県 중부의 스와군諏訪郡 후지미마치富士見町. 가을 축제가 가까운 모양이다. 휴일 아침 옷코토스와乙事諏訪 신사神社에서는 40~50명의 학생들이 춤 연습을 하고 있다. 그 주변에선 아이들을 지도하거나 구경하는 어른들이 삼삼오오 모여 흥겨움을 더한다. 떠들썩한 분위기에서 이곳이 주민 간 커뮤니티 활동이 활발한 지역임을 실감한다.

 옷코토스와 신사 가까이에 하야카와 슈사쿠早川秀策 씨가 직접 지은 집이 있다. 처마가 길게 뻗어 있고, 하얀색으로 벽을 칠한 집이다. 하야카와 씨는 농부다. 농부란 단순히 농업에 종사하는 사람을 일컫는 게 아니라 생활을 위해 백 가지 일을 하면서 한편으로

백 가지 다양한 농작물을 재배하는 것을 말한다. 특히 하야카와 씨에겐 살아가는 데 필요한 의식주와 관련된 일을 스스로 해내는 것을 의미한다. 돈을 벌기 위해 자신의 노동력을 파는 생활은 하지 않는다.

하야카와 씨는 10년쯤 전 무농약농업을 시작하면서 생계를 위해 가정교사 아르바이트를 했다. 당시 지금의 아내가 된, 나카지마 에리中島恵理 씨와 장래에 대한 이야기를 나눈 적이 있다. 에리 씨는 결혼 후에도 일을 계속하고 싶다고 말했고, 하야카와 씨는 가정교사 일은 언제든 관둬도 상관없다고 생각하고 있었기 때문에 "아, 그렇게 하시죠. 그럼 내가 집안일을 하죠"라고 선언했다. 결혼 후엔 그 말대로 하야카와 씨가 가정을 지키고, 에리 씨가 공무원으로 일하면서 돈을 버는 반농, 반공무원 생활이 시작됐다. 2011년부터 에리 씨는 나가노현으로 출근하게 되면서 평일엔 혼자 관사에서 지낸다. 이른바 '금귀월래金歸月來'의 아내다. 두 사람은 각자가 바라던 길을 걷고 있다. 보통의 부부와는 정반대의 모습이지만, 정말로 잘 꾸려지고 있다.

가정을 돌본다는 것은 쉬운 일은 아니다. 평일엔 하야카와 씨가 여섯 살짜리 아들과 두 살짜리 딸의 육아와 가사일 모두를 책임진다. 부모님 댁이 코앞이나 부모님께 기대지는 않는다. 집안일 외에도 하야카와 씨는 지역 커뮤니티 활동에 참여해 맡은 일도 열심히 한다. 지역축제, 주민자치활동 등 돈벌이와는 별도로 해야 할 일이 많다. 큰아들 유치원에도 일이 있을 때마다 도와주러 출동하는 등

수적으로 열세인 남자 일손으로 중요한 역할을 맡고 있다. 싹싹한 성격으로 분위기를 부드럽게 만들어 엄마들 사이에서도 인기가 높다. 물론 일상의 중심은 농부로서 하는 밭일이다.

농작물은 출하하는 것도 있지만 거의 대부분을 집에서 먹고 있다. 토마토, 가지, 피망, 호박, 주키니, 당근, 감자, 향신용채소 등 종류도 다양하다. 물론 쌀도 포함된다. 이 지역 토질에 적합하지 않은 연근이나 고구마 등을 제외하고 대부분의 작물을 재배한다. 전부 농약을 쓰지 않고 유기농법으로 키운다. 제철 농작물을 재배하다보니 벌레는 비교적 많이 안 생긴다. 씨앗은 사오기도 하지만 가능한 한 직접 받아 사용한다. 가끔 유기비료를 살 때도 있지만 정미할 때 나오는 왕겨나 쌀겨, 잔반 등과 풀을 섞어 퇴비를 만든다. 청대두나 대두를 수확하면 된장과 간장을 만든다. 직접 만들지 못하는 것은 돈을 주고 사기도 하고, 재배한 채소와 물물교환한다.

직접 집을 짓는다는 게 가능한 일일까

"내가 먹는 것은 내 손으로 재배하고 싶다는 바람은 있었지만, 설마 집까지 직접 지으리라곤 생각도 못했습니다"고 하야카와 씨는 말한다. 오랜 시간을 들여 준비해온 것도 아닌데 아마추어가 순식간에 이렇게 훌륭한 건축공법으로 집을 짓는다는 게 정말 가능

정면 폭 5간(약 9미터), 세로길이 3간(약 5.5미터)이라는 집의 크기는 벌목한 목재의 길이에 따라 정해졌다. 지붕에는 3킬로와트의 태양광 패널이 있다.

밭일을 하는 하야카와 씨. 토마토 수확을 돕는 딸 고노카(木乃香).

후키누케(吹抜け: 층과 층 사이에 천장이나 마루를 두지 않고 뚫어놓는 구조) 너머로 2층이 훤히 보인다.

휴일의 점심식사. 식사 직전 밭에서 수확한 신선한 채소를 가족이 함께 먹는다.

집 안을 뛰어다니는 장남 고요(広遥) 군.

한 일일까.

　마을의 한 이벤트에서 알게 된 목수가 하야카와 씨의 얼굴을 볼 때마다 "직접 집을 지어보지 않겠느냐"고 권했다. 그 목수도 직접 집을 짓다가 그 일을 계기로 목수가 되었고, 셀프 집짓기 경험자들이 여럿 모여서 '바람의 숲'이라는 시공사를 만들었다고 한다. 바람의 숲에서는 주문받은 주택도 짓지만 셀프 집짓기도 지원한다. 도무지 직접 할 수 없을 것 같은 부분만 전문가에게 맡기는 것이다. 바람의 숲에서는 일본산 나무를 이용하여 산림의 순환을 도모할 것, 전통공법일 것 그리고 모든 재료를 목수가 직접 손 가공_{목재} 의 이음 부분이나 장부 가공을 기계가 아닌 손으로 직접 함하는 것을 원칙으로 삼고 있다.

　기둥은 시즈오카산 편백나무다. 들보의 재료인 적송과 삼나무는 국산, 그것도 거의 대부분 그 지역의 것들로 하야카와 씨가 직접 벤 것들만 썼다. 근처 숲의 주인에게 집을 짓는 데 나무가 필요하다고 미리 언질을 해두었다가 연락이 오면 나무를 베러 간다.

　벌채 후에는 수년간 토장土場에 눕혀놓고 자연건조한다. 토장은 사용하지 않는 밭을 빌렸고, 도구는 근처의 목수에게 재배한 채소를 주고 빌려 사용했다. 기초공사와 지붕의 기와공사를 할 때에는 전문가의 도움을 받았다. 목재를 손 가공하고 세우는 일은 프로목수에게 맡겼다. 그 외에는 전부 하야카와 씨 혼자서 해냈다.

　나무를 베고 3년 후, 장남이 태어난 2007년에 상량을 했다. 아이를 키우면서 약 4년간 공사를 계속해 2010년에 일단 완성하고 살기 시작했다. 단열재는 수피樹皮와 원목펄프를 옥수수가루 풀로 굳힌 '포레스트보드단열재 제품명'를 사용했다. 내장은 그 위에 삼나무를 엇걸어 만든 울타리를 덧댄 다음 모래회반죽을 바르고, 마지막에 회반죽으로 완성했다. 집 안에는 아직 군데군데 삼나무 울타리가 그대로 드러나 있거나 그 위에 기초만 바른 벽면이 보인다. 가구는 필요할 때마다 만들어 쓰고, 욕실은 현재 시공 중이다. 원래 집은 계속 손을 봐가면서 생활과 접목해나가는 것이다. 나중에 할 수 있는 일은 살면서 차차 하면 된다.

그렇다고 해도 비와 이슬을 피하기 위한 최소한의 일들은 해두어야 한다. 외벽에 모르타르를 바를 때에는 모르타르가 굳기 전에 한방에 마무리해야 한다. 아들을 등에 업은 채 겹사다리를 타고 높은 곳에 올라가 해야 하는 작업이었다. "등에선 아들이 울어대고, 무겁고, 정말 힘들었어요." 자기만의 집이 완성되어 가는 것은 기쁜 일이지만 그 과정이 즐겁기만 했던 것은 아니다. 집을 짓는 동안에는 '어쩌면 나는 평생 집만 짓고 있는 건 아닐까'라는 생각이 들어 당혹스러웠던 순간도 많았다고 한다.

그런데도 집짓기를 계속할 수 있었던 이유를 하야카와 씨에게 물어보았다. "시작할 때에는 처음 해보는 일이나 배우는 것이 많아서 재미있었지만, 어느 순간 고생만 한다는 생각이 들었어요. 고민거리가 생기거나 어떻게 해야 할지 모를 때는 일손을 멈추고 스스로 납득이 될 때까지 시공방법이나 재료에 대해 생각했지요. 시간적 여유가 있었던 게 도움이 됐어요. 아내가 경제적으로 지원해

ㄱ　내부는 벽이 없는 개방적인 공간이다. 화장실처럼 물을 쓰는 공간 외에는 커다란
원룸으로 되어 있고, 페치카와 계단으로 느슨하게 구역을 나누었다. 1층과 2층을
통으로 열어놓은 구조도 집 안 분위기를 알 수 있어서 좋다.
페치카도 하야카와 씨가 직접 벽돌을 쌓아서 만들었다. 벽돌에 쌓인 열이 집 전체
를 부드럽게 데운다. 높은 창에서 들어오는 햇빛도 한몫하여 바깥이 0도인 날도
실내온도는 20도 정도다.

ㅗㅗ　자유롭게 뛰어다니는 닭들과 채소를 거두는 에리 씨.

ㅜㅜ　대두를 따서 만든 된장과 밭에서 키운 무농약채소.

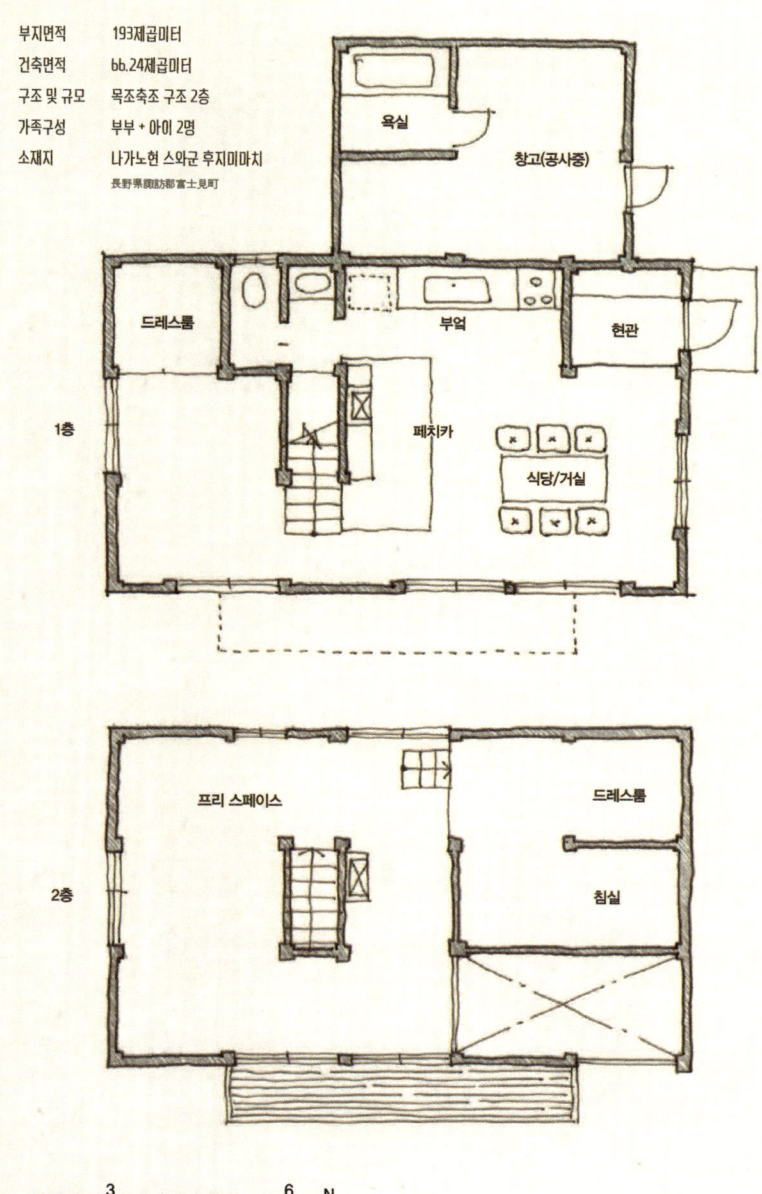

부지면적	193제곱미터
건축면적	bb.24제곱미터
구조 및 규모	목조축조 구조 2층
가족구성	부부 + 아이 2명
소재지	나가노현 스와군 후지미마치
	長野県諏訪郡富士見町

욕실

창고(공사중)

드레스룸

부엌

현관

1층

페치카

식당/거실

프리 스페이스

드레스룸

침실

2층

1   3   6   N

주니 내가 하고 싶은 일을 할 수 있다는 감사의 마음이 항상 있었죠. 물론 내가 하겠다고 공언한 만큼 의지도 강했고요." 마무리 단계가 되자 혼자 힘으로 해낼 것인가, 아니면 누군가의 도움을 받을 것인가, 그런 건 아무래도 상관없었다고 한다. 결국엔 가족과 많은 사람의 도움이 있어서 가능한 일이었으니 말이다.

경제력이 아닌 삶의 능력이란 무엇일까

하야카와 씨는 대학을 졸업한 후 3년간 아프리카 탄자니아에서 나무심기 자원봉사를 했다. 마을 사람들이 장작불을 피워서 만드는 식사는 1일 2식으로, 옥수수가루나 카사바가루를 뜨거운 물에 반죽한 우갈리가 주식이고, 반찬은 몰로헤이야 약간이 전부였다. 아주 가끔 돈이 들어오면 콩이나 작은 생선을 사지만 평소엔 매일같이 그런 식사가 이어진다. 게다가 사막화가 진행되고 있는 가운데 현금을 얻기 위해 귀한 거목들을 계속 베어내서 선진국에 수출하고 있다. 마을 일부에는 전기도 들어오지만 주요 연료는 숯이다. 좀 더 시골에서는 장작을 주로 쓴다. 장작이라고 해도 작고 마른 나뭇가지에 불과하지만 마을 사람들은 그것도 아껴가며 사용하고 있었다.

그런 생활을 체험한 하야카와 씨는 '여기 있으면서 나무를 심는 일도 중요하지만, 그 전에 내 자신의 생활을 바꾸는 것이 먼저가 아닐까'라는 데 생각이 미쳤고, 일본으로 돌아와 일자리를 얻었다. 필요한 돈을 얻기 위해 가정교사 아르바이트를 하는 사이 통장잔고는 차츰 불어났다. 하지만 앞으로 통장에 설사 1억 엔이 쌓이더라도 마음의 안정은 찾아오지 않으리라는 걸 깨달았다.

살아가는 데 필요한 양식은 결국 돈으로 메워나가야 했고, 하야카와 씨는 늘 불안했다. 이렇게 살다보니 경제력과는 다른 힘을 갖고 살아가고 싶다는 바람이 강해졌다. 지금은 설사 집이 무너져도 다시 지을 수 있는 기술과 지혜는 갖추었다. 부자가 될 자신은 없지만, 굶지 않고 살아갈 수 있다는 자신감은 있다고 한다. 지진이 났을 때도 양식과 태양광패널로 만든 전기와 장작이 있었기에 크게 당황하지 않았다. 이 같은 생활을 경험하고 하야카와 씨는 깨달은 것이 있다. "최소한의 의식주를 스스로 해결할 수 있게 된다면 그것도 나름 만족할 만한 인생이라고 생각해요."

개발도상국에서 생활하다가 일본으로 돌아와 자급자족을 생활화하겠다는 사람들을 종종 만날 기회가 있다. 그들은 대부분 개발도상국 사람의 노동과 생산물이 그에 합당한 평가를 받지 못하고, 소위 착취당하고 있다는 걸 알고 있다. 그리고 자신이 착취하는 쪽 나라의 인간이라는 사실에 큰 충격을 받고 결국엔 자급자족의 삶을 결심한다. 이러한 상황에 대해, 나는 아직 충분히 공감하거나 이해하지는 못한다. 하야카와 씨가 말하는 "돈으로 충당하지 않는다"는 뜻은 화폐경제를 부정하는 것이 아니라, 서로 얼굴이 보이는 관계 안에서 정당한 평가가 이루어지는 경제활동이 바람직하다는 의미일 것이다. 모든 노동과 생산물이 정당하게 평가되고 사람들이 노력에 합당한 수입을 얻는 지역경제는 어떻게 하면 실현할 수 있을까. 경제력이 아닌, 살아가는 힘이란 과연 무엇일까.

글 간다 마사코

셀프 집짓기는 궁극의 DIY

DIY라는 말은 홈센터(주거공간을 자기 손으로 꾸밀 수 있는 소재나 도구를 파는 상점)의 보급과 더불어 완전히 정착된 것 같다. 그 정의는, 사단법인 일본DIY협회에 따르면, '자기 손으로 쾌적한 생활공간을 창조하는 것'이라고 하니, 셀프 집짓기는 궁극의 DIY라고 할 수 있다. 셀프 집짓기는 '자기 스스로 자기 집을 짓는 것'이지만 모든 일을 자기 손으로 처리하는 경우부터 자기가 할 수 있는 공정만 스스로 만드는 하프 집짓기, 예를 들면 내부의 일부 도장공사만 직접 하는 방식도 있다.

요즘의 자동차나 전자제품 등은 내부구조를 들여다봐도 이해할 수 없는 부분이 많아 사용자가 직접 만들거나 수리할 수 있는 경우가 극히 드물다. 그런 점에서 아직 주택은 재료도 한눈에 알 수 있고 구조도 단순하다.

얼마 전 이즈(伊豆)의 한 별장지에서 셀프 집짓기 사례를 몇 건 둘러볼 기회가 있었다. 한 지역에서 여러 건을 한꺼번에 볼 수 있는 것은 셀프 빌더들끼리의 네트워크가 있었기에 가능했다. 그들은 토지를 결정한 직후부터 혹은 그 이전부터 지역의 업자들이나 건자재의 입수처 관련 정보, 소형굴착기 등의 중장비나 기타 도구를 빌리는 법, 장작의 입수정보, 그 외의 다양한 생활정보까지 실로 많은 정보를

나누고 있다. 특히 베테랑들은 이웃집의 건자재 입수처, 가격과 공법까지도 자기 일처럼 꿰고 있다.

그곳은 지대가 높고 추운 기간이 길어서 겨울에는 적설량도 많다. 때문에 장작 스토브가 필수품이다. 장작 스토브에 대한 그들의 집요함과 정보량은 놀라울 뿐이다. 이웃집의 장작 스토브 메이커와 제품번호, 연통 수와 연소효과 그리고 겨울을 나는 데 필요한 장작의 양까지 서로 알고 있어서 가을이 깊어질 무렵이 되면 "저 집의 장작은 저 정도론 부족하다"라고, 집주인보다 먼저 걱정할 정도다.

셀프 빌더들 중에는 40대 부부도 있지만 정년퇴직 후 도시에서 이주해온 세대가 많다. 그들이 전부터 건축 관련 일을 했냐 하면, 결코 그렇지 않다. 상사나 식품업체에서 일하던 사람도 있으며, 전직에 관한 한 어떤 뚜렷한 경향성도 찾아볼 수 없다. 제조업에 종사했던 사람도 있지만, 모두가 그런 것도 아니다. 대부분의 셀프 빌더는 정년퇴직을 한 후 셀프 집짓기를 꿈꾸며 현역 시절부터 틈틈이 정보를 모으고 공부를 하면서 준비한 기간이 꽤 된다고 한다. 각오만 굳게 다진다면 내 손으로 집을 짓는 일이 불가능한 것은 아니다.

최근엔 '산기슭의 집'에서 소개한 것과 같은 셀프 집짓기 지원업체도 많이 생겨나 직접 할 수 없는 공정만 전문가에게 의뢰할 수도 있다. 예전에는 셀프 집짓기라고 하면 으레 통나무집으로 정해져 있었지만 지금은 건물의 공법이나 건자재도 집주인이 원하는 대로 맞춰주는 시공사들이 있다. 인터넷에서도 건자재나 부자재 판매처를 쉽게 찾을 수 있다. 각자 형편에 맞는 선택지도 많고, 그만큼 셀프 집짓기가 수월해진 시대가 된 것이다.

정말로 자신이 좋아하는 공간을 직접 만들고 그곳에서 살아갈 수 있다면 얼마나 멋질까. 시중에 자기가 원하는 집이 없다면 직접 지으면 될 것이다. 그것이 쉬운 일은 아니지만 보람이 있는 일에는 틀림없다.

집은 자산이기도 하지만 인생의 많은 시간을 보내는 더없이 소중한 장소다. 최근에도 신변을 정리하고 집을 처분해 시설에 들어가거나 자식 집으로 옮겨가 살던 노인들이 별 생각 없이 집을 판 것을 무척 후회한다는 이야기를 들었다. 집을 떠나보내고 비로소 집이 영혼의 안식처임을 깨달은 경우일 것이다.

셀프 집짓기를 선택하는 것이 비용을 줄이기 위해서라는 이야기도 있지만, 스스로 집을 짓는 것의 장점은 그뿐만이 아니다. 직접 집을 짓는다는 것은 자신의 에너지를 쏟아붓는 과정이므로 당연히 완성된 집에 애착이 클 수밖에 없다. 게다가 만드는 과정을 안다는 것은 그 물건이 완성되기까지의 흐름과 구조를 충분히 이해할 수 있다는 의미다. 그런 앎이 집을 소중히 사용하는 데도 영향을 미칠 것이다. 집을 사는 것이 아니라, 짓는 기쁨은 그만큼 크다.

＊사단법인 일본DIY협회 www.diy.or.jp/members

글 **간다 마사코**

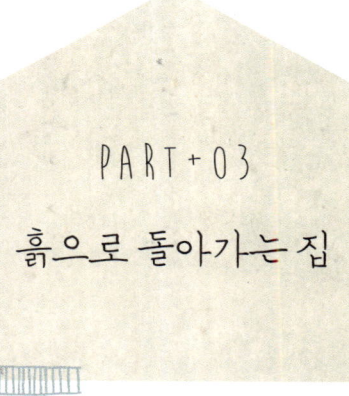

PART + 03

흙으로 돌아가는 집

후손에게 빚을 남기지 않는
흙으로 돌아가는 집

_비와 호반의 집

내가 만든 것은 내 손으로 매듭짓고 싶다.

후세에 빚을 남기지 않는 집에 살고 싶다.

그 답은 '흙으로 돌아가는 집'이다.

비 와 호 의 바 람 이 관 통 하 는 그 곳 에 는

　　벽 을 볏 짚 으 로 덮 은 집 이 서 있 다 .

비와호 둔치에 볏짚으로 지은 집

태풍이 지나간 다음 날, 비와호琵琶湖의 수면은 바다처럼 파도치고 있었다. 그 파도를 타면서 몇몇 사람이 윈드서핑을 즐기고 있다. 그런 풍경이 보이는 비와호 둔치에 스트로베일하우스가 한 채서 있다. 현관에서 나와 50미터 정도 걸어가면 비와호다. 맑은 날은 호수 면이 파랗게 빛나고 하늘이 물에 비쳐 더욱 각별한 풍광을 보여줄 듯하다. 집주인인 나카노 가쓰라中野桂 씨는 긴 바짓단을 조금 걸어올리고, 고무조리를 끌며 마중을 나왔다.

스트로베일하우란 압축한 볏짚더미를 벽 주변에 쌓아올려 벽을 두껍게 만드는 건축양식이다. 나카노 씨 주택의 경우 나무로 쌓은 벽 바깥쪽에 높이 30센티미터, 폭 80센티미터, 두께 40센티미터의 볏짚더미를 쌓고, 그 위에 회반죽을 발라 마감했다. 쌀의 부산물인 볏짚은 매년 거두어들일 수 있어 생산하는 더 별도의 에너지가 필요치 않다. 환경을 생각하면 최적의 순환형소재다. 원래 일본에는 볏짚을 이용하는 생활의 역사가 존재한다. 짚신, 밀짚모자, 삿갓, 새끼줄, 가마니, 멍석, 다다미 등 다양한 볏짚제품을 사용해왔다. 게다가 볏짚은 단열, 축열, 습도조절 작용을 해서 건축단열재로도 우수하지 않은가. 그런 특징을 살린 것이 스트로베일하우스다.

간단히 말하면, 볏짚더미를 이용한 외단열공법이 스트로베일하우스의 특징이다. 단, 볏짚더미의 두께가 40센티미터나 되고 그 외벽에 회반죽을 덧바르기 때문에 벽이 기둥에서 바깥으로 45센티미터나 튀어나온다. 남북, 동서의 벽을 합치면 목조주택에 비해 90센티미터 정도 토지에 여유가 있어야 한다. 그래서 이 공법은 아무래도 토지에 여유가 있는 경우에만 건축이 가능하다.

'흙으로 돌아가는 집'에 살고 싶다

스트로베일하우스는 1800년대 후반 미국의 한 지역에서 시작됐다. 주변에서 구할 수 있는 볏짚과 건초를 활용한 것이 기원이다. 그 후 한동안 잊혀졌다가 1990년대에 들어서 환경에 대한 의식이 높아지면서 재조명되어 다시 지어지기 시작했다. 일본에서는 2000년 즈음부터 지어지기 시작했지만 아직 그다지 널리 퍼지지 않은 것은 볏짚을 구하기 어렵다는 점, 볏짚더미가 건자재로 생산되지 않는 점, 짓는 데 시간이 오래 걸리는 점에 원인이 있는 모양이다.

현재 500동 이상 지어졌지만 아직 1000동은 되지 않는 숫자다.

그런 건물을 나카노 씨는 왜 짓고자 했을까. 집을 짓기로 결심했을 때 '흙으로 돌아가는 집'에 살고 싶다는 생각을 했다고 나카노 씨는 말한다. 흙으로 돌아가는 집에 산다는 것은 자신이 만든 것을 자기 손으로 끝내고 싶다는 뜻이다. 빚을 미래에 남기지 않고, 빚을 누군가에게 물려주지 않는, 결국엔 무너지겠지만 사는 동안엔 손보아가면서 잘 사용해, 자신이 만든 것은 자기 손으로 매듭지을 수 있는 그런 집을 짓고 싶었던 모양이다. 그리고 그 생각을 실현할 수 있는 것이 스트로베일하우스라 여긴 것이다.

스트로베일하우스와의 첫 만남은 캐나다 유학시절로 거슬러 올라간다. 그 후 귀국해서 집 뒤로 산책로가 있는 임대주택에 살았다. 아이들을 생각하니 현관에서 나가자마자 바로 도로가 나오는 일반주택은 위험하다 싶었다. 집을 짓기로 결정하고 토지를 찾다가 비와호를 바라볼 수 있고, 조용하고 차도 많이 다니지 않는 좋은 조건의 토지를 발견했다. 그리고 일본에서 스트로베일하우스 설계의 일인자라 할 수 있는 오이와 고이치大岩剛一 씨를 만나 이 공법으로 짓기로 결심한다.

'흙으로 돌아가는 집'에는 자연소재를 사용한다. 폐기했을 때 흙으로 돌아가게 하기 위해서다. 이러한 집은 조금씩 무너지기 때문에 꾸준히 손을 봐야 한다. 쉽지 않은 일이지만 그 일 자체의 즐거움도 있다. 자기 손으로 매듭짓고 싶다는 것은 자신이 살아 있는 동안만 그 집에서 살 수 있으면 된다는 뜻이 아니다. 나카노 씨가

TT　미리 계산에 넣지 않았던 외벽의 곡선.
TT　거실 앞에서 주방으로 이어지는 데크 위에는 대나무 발이 덮여 있어 여름의 강한 햇살을 막아준다.
⊢　풀이 자연스럽게 자라난 정원. '자연은 자연 그대로'라는 나카노 씨의 신념이 엿보인다.

ㄱ 두꺼운 벽을 이용한 장식장. 문을 둘러싼 벽의 둥근 곡선이 사람들을 불러들인다.

ㅗㅗ 부엌의 작은 창가에도 벽의 두께를 이용한 공간이 있다.

ㅗㅗ 현관의 삼화토(三和土: 석회, 자갈, 황토를 섞어서 갠 것). 사람이 지ㅗ다닌 자리가 패어 있다.
   그 흔적에서 온기가 느껴진다.

ㅜ 벽의 모서리를 보호하는 화지. 벌레가 갉아먹은 부분이 레이스장식처럼 되었다.
   이 또한 자연소재의 증거다.

생각하는 '흙으로 돌아간다'는 말에는 한마디로 단정할 수 없는 의미가 담겨 있었다. 나카노 씨는 습기 많은 일본에서 볏짚으로 집을 짓는 것은 위험하지는 않을까 하는 걱정이 있었다고 한다. '흙으로 돌아가는 집'이 좋다고는 해도 자신이 사는 동안에 그렇게 되면 곤란하니 말이다. 그러나 1년간 살 수 있는 집은 3년도 살 수 있지 않을까, 3년 살 수 있는 집은 10년도 살 수 있지 않을까 생각했다. 이집은 완성된 지 10년을 바라본다.

직각 없이 곡선으로 이어지는 회반죽 벽

1층은 기둥 바깥쪽에 볏짚더미를 쌓고, 그 표면에 50밀리미터의 흙과 도사회반죽고치현 도사(土佐)지역의 회반죽. 습기에 강하다을 발랐다. 2층은 안전을 생각하여 볏짚더미를 사용하지 않고 비와호에서 구할 수 있는 갈대를 단열재 삼아 기둥 사이에 넣고 바깥쪽은 판자벽으로 마무리했다. 내벽은 미장으로 마감을 하고 일부는 벽지를 썼다. 천장은 천연목재, 바닥도 36밀리미터의 무구재를 쓰는 등 대부분 자연소재로 만들었다. 그야말로 썩어서 흙으로 돌아가는 소재만 썼다.

이 공법이 매력적인 것은 벽의 두께다. 벽의 두께를 인테리어로 이용해 공간을 여유 있게 사용하는 것이다. 창문 안쪽을 니치벽면을 오목하게 파서 만든 장식공간와 같은 장식선반으로 사용할 수 있다. 이 집에서는 계단 중간에 낸 창가에 나무 오브제나 조각 등을 장식하고, 부엌의 싱크대 앞을 출창出窓: 벽보다 쑥 내밀게 만든 창처럼 사용하고 있었다. 작은 공간이지만 거기에 놓여 있는 물건과 쓰임새에서 집주인의 고집이 느껴졌다.

나카노 씨의 또 하나의 고집은 '직각이 싫다'는 것이다. 이는 흙을 이용한 공법을 채택한 이유이기도 하다. 외벽을 봐도 흙으로 덮은 1층은 직각이 없다. 인체와 같이 자연스럽게 계산되지 않은 곡선이 이어진다. 전체적으로 물 흐르는 듯한 안정감이 느껴지는 것은 이 곡선 덕분인지도 모르겠다. 실내도 언뜻 직각으로 보이지만, 미장으로 마감을 한 부분조차 일부러 짜 맞춘 듯한 직각은 없다.

벽의 모서리는 보통 플라스틱제 코너 보호재를 넣어 틈새를 막지만 나카노 씨의 집은 화지를 붙여 보호개를 대신했다. 잘 보면 종이에 숭숭 구멍이 뚫려 있다. "이 구멍은 벌레 먹은 거예요." 약으로 벌레를 없애는 일은 없다. 종이의 느낌이 미장이가 작업한 벽과 잘 어우러져 부드러운 모서리가 되었다.

1층은 거실 및 식당, 주방, 게스트룸 겸 텔레비전 감상실, 2층은 부부 침실과 두 아이가 같이 쓰는 방. 침실과 아이 방 사이에 세면대, 욕실, 화장실이 있다.

내장에 사용한 회반죽이나 나무 등의 자연소재는 습도를 적절히 조절하며, 소음도 흡수하고 빛도 부드럽게 반사한다. 매우 살기 좋을 것이다. 볏짚더미는 효과가 어떨까. 여름엔 거의 따로 냉방을 하지 않는다. 신축한 후 7년간 에어컨을 달지 않았다. 2년 전 폭염 때

┤　2층 아이 방. 모기장이 잠자리를 편하게 지켜준다.

⊥　거실에서 식당을 바라본 정경. 겨울에는 커다란 스토브가 집 안을 따뜻하게 데운다.

TT　사용하기 편리할 것 같은 크기의 부엌. 캐비닛은 목제 붙박이다.
　　벽은 미장이가 천연 흙을 발라 광택 나게 마무리했다.

TT　현관 쪽의 텔레비전을 볼 수 있는 게스트룸. 미닫이 안에 텔레비전이 수납되어 있다.

스트로베일하우스의 벽 단면도

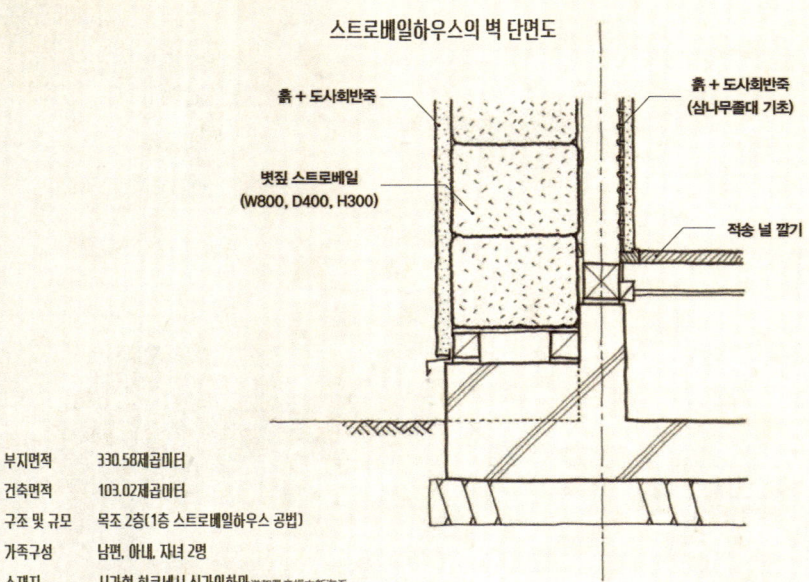

흙 + 도사회반죽

흙 + 도사회반죽
(삼나무졸대 기초)

볏짚 스트로베일
(W800, D400, H300)

적송 널 깔기

부지면적	330.58제곱미터
건축면적	103.02제곱미터
구조 및 규모	목조 2층(1층 스트로베일하우스 공법)
가족구성	남편, 아내, 자녀 2명
소재지	시가현 히코네시 신가이하마滋賀県彦根市新海浜

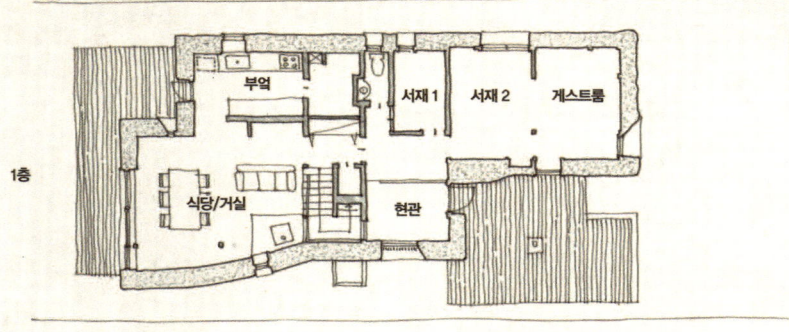

1층

부엌

서재 1   서재 2   게스트룸

식당/거실

현관

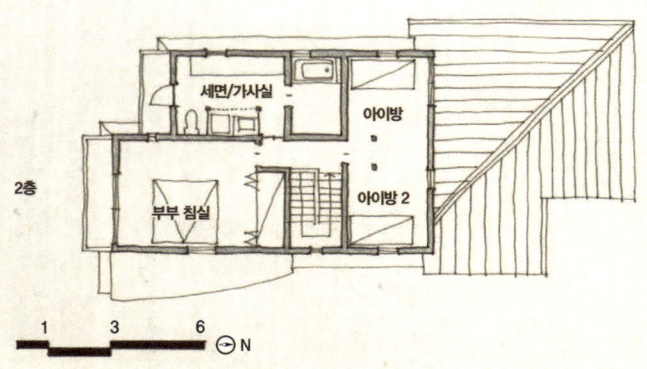

2층

세면/가사실

아이방

부부 침실

아이방 2

1   3   6   ⊖ N

설치했지만 밖에서 돌아오면 집 안 공기가 썰렁한 느낌이어서 에어컨 스위치를 켜는 일은 거의 없다. 겨울엔 벽이나 자연소재 자체의 축열효과도 보태져 거실에 설치한 장작스토브만으로도 2층까지 따뜻하다. 물론 결로도 없어 청바지를 방 안에 널어두면 하룻밤에 마를 정도다. 벽의 흙이나 볏짚은 습도가 높으면 습기를 흡수하고 건조할 때는 습기를 밖으로 내보내는 능력이 있는데, 그 힘을 충분히 발휘하는 모양이다. 2층에 있는 두 개의 방에는 모기장이 쳐 있었다. 나카노 씨 집에서는 살충제 같은 건 보이지 않는다. 그렇다고 해도 모기에 물리는 건 불쾌한 일이므로 모기장을 사용하고 있다고 한다.

이야기를 듣다가 실내가 매우 조용하다는 것을 깨달았다. 원래 조용한 환경이지만 자동차소리도, 세게 부는 바람소리도 들리지 않는다. 불필요한 소리가 나지 않는 공간은 사람의 건강에 중요하다. 조용한 수면환경은 하루의 피로를 없애주고 그만큼 리셋의 효과도 크다. 면역력 회복과도 물론 관련이 있다. 볏짚더미에는 방음효과도 있다. 그 조용한 환경 속에 몸을 뉘어본 후 진짜 휴식을 충분히 취할 수 있는 주거환경이라고 확신했다.

많은 사람의 일손이 보태지다

사용한 볏짚더미는 약 400개이고, 갈대는 근처 아즈치安土 마을에서 구한 것이다. 도와주는 사람들과 가족끼리 갈대를 베고, 갓 베어낸 갈대는 건조시킨 갈대와 맞교환해 받았다. 사용한 흙의 일부는 쇼와시대1926~1989 초기에 지어진 은행을 부순다는 이야기를 듣고, 그곳에서 얻어 재활용했다. 재료비는 들지 않지만 일손이 많이 필요한 것이 이 공법의 난점이다. 그래서 워크숍을 열어 많은 사람의 도움을 받기로 했다. 전문가들의 성역인 현장에 아마추어의 손길이 보태지는 게 걱정스러웠지만, 다행히 나카노 씨의 집을 맡은 전문가들이 도와주러 온 사람들과 함께 즐겁게 일을 해주었다고 한다.

많은 사람의 일손이 보태져 집이 완성된다는 것은 다양한 생각이 겹쳐지고, 그만큼 집에 다양한 숨결이 스며드는 것이 아닐까. 오이와 씨가 진행하는 스트로베일하우스 건축공사는 가족과 많은 사람의 힘을 빌려 이루어지는 경우가 많다. 시간과 품이 많이 드는 집이긴 하지만 그렇기 때문에 거기에서만 탄생할 수 있는 무언가가 있다. 그것이 머무는 사람의 생활에 더해져 즐거움과 기쁨으로 이어진다. 자연으로 돌아가는 썩는 재료를 사용하여 언제 무너져 내릴지 모르는 집이긴 하지만 이 집을 중심으로 많은 사람들의 연결고리가 만들어지고, 더불어 이 집에서 살아가는 사람들의 생활 반경도 넓어진다.

지금의 주택은 노동력을 줄이고 공사기간을 단축해 획일화된 아름다움을 추구하는 경우가 많지만, 이 집은 그와 정반대다. 이 집은 그야말로, 거기에서 가치를 찾아낸 나카노 씨의 취향이 넘쳐 나는 집임에 틀림없다.

글 하마다 유카리

07

초고층빌딩의 선구자가 지은
마지막 거처

_호큐안(邦久庵)

온화한 날씨의 바닷가,
나가사키현長崎県의 오무라大村 만 작은 곶 끄트머리에는
이엉으로 지붕을 인 초가집 한 채가 서 있다.
한 척의 배를 닮은 집이다.

바다로 뻗어나간 배의 갑판 같은 툇마루에선 석양이 저물어간다.
일본 초고층건물의 여명기를 이끌었던 건축가가
'마지막 거처'로 지은 것은

　　그　지역의　나무와　흙과　이엉으로　만든,
흙으로　돌아가는　집이었다.

오무라 만에 떠 있는 배 집

오무라 만에서 돌출된 곳의 끄트머리에 초가집이 서 있다. 그것
은 이케다 다케쿠니池田武邦 씨가 '마지막 거처'로 삼고자 직접 설계
를 하고, 그 지역 최고의 도편수가 세운 자택이다. 이케다 씨와 아
내 히사코久子 씨 두 사람의 이름에서 한 글자씩 따서 '호큐안邦久庵'
이라고 이름 지었다.

이케다 씨는 수백 명의 기술자가 일하고 있는 대형 건축설계사
무소의 리더로, 일본 최초의 초고층빌딩인 가스미가세키 빌딩, 지
금도 니시신주쿠에 서 있는 게이오프라자 호텔, 신주쿠 미쓰이 빌
딩 등 일본 초고층빌딩의 여명기를 이끈 건축가다. 도쿄에도 직접
설계해서 준공한 자택이 있지만 2001년에 호큐안을 세운 후로는
거점을 옮겨 대부분의 시간을 이곳에서 보내고 있다.

호큐안은 바다의 남자인 이케다 씨가 일선에서 은퇴한 후 오로

지 바다와 더불어 살기 위해 지은 집이다. 실제로 이케다 씨는 따뜻한 계절에는 매일 건너편 바닷가까지 왕복 1킬로미터 정도 헤엄을 치거나, 뱃놀이를 즐기며 시간을 보낸다. 작은 집 뒤편은 집필 등의 업무를 볼 수 있는 서재로 만들었다. 이케다 씨의 싹싹한 성격과 폭넓은 교류 덕분에 이곳을 방문하는 사람들이 많다.

평면계획은 동서로 좁고 길게, 춘분과 추분 때 일출과 일몰의 동서 축에 정확히 들어맞는다. 호큐안은 서방정토로 향하는 배를 의식해서 설계한 것이다. 배의 갑판 같은 두 개의 툇마루가 건물의 절반 이상을 차지하고 있다. 따뜻하고 경치 좋은 이 지역에서는 지붕이 있어서 비에 젖지 않고, 해풍이 빠져나가는 반 옥외공간이 그 어느 곳보다 쾌적한 장소가 된다.

서쪽 바다를 향해 크게 뻗어나간 넓은 툇마루에는 부드러운 해풍이 지나가고, 매일 조금씩 자리를 옮기는 석양을 오무라 만 너머로 바라볼 수 있다. 배로 말하자면 '현문'이라는 갑판에 해당한다. 이 집에는 현관이 없고, 모두 이 툇마루로 출입한다. 거기에는 키 작은 테이블과 편안한 소파가 놓여 있어 누구나 가볍게 들를 수 있다.

이케다 씨가 툇마루에 앉아 있을 때면 가끔 동네 사람들이 맛있는 음식을 들고 놀러온다. 이곳에서 이케다 씨와 함께 오무라 만을 바라보면서 차를 마시고, 열띤 대화를 나누다 돌아가는 것이다. 툇마루에 면한 이로리囲炉裏: 일본의 전통적인 난방장치. 방바닥의 일부를 네모나게 잘라내고, 그곳에 재를 깔아 취사용, 난방용으로 불을 피워놓는다가 있는 공간 사이의

미닫이를 열어놓으면 툇마루와 이로리 사이가 하나의 공간으로 합쳐져 커다란 거실이 된다. 너른 툇마루는 테라스이자 현관이자 거실이기도 한 것이다.

전통적인 민가에서 초가지붕과 이로리는 한 세트다. 이로리의 연기는 지붕 이엉에 벌레가 생기는 것을 막아준다. 호큐안에서는 한여름에도 이로리의 불을 꺼트리지 않는다. 이로리의 불을 지키는 것은 이케다 씨의 일과 중 하나다.

이 집은 실내외를 불문하고 동선이 정교하게 계획되어 있다. 바다놀이를 하는 사이사이 물에 젖은 채로 툇마루에서 쉴 수도 있고, 바다에서 돌아오면 뒷문을 통해 욕실로 곧바로 들어갈 수 있다. 빨래를 말리는 등의 공간으로 사용되는 동쪽 툇마루와 다다미방과 부엌을 연결한 것도 생활하기 편리하게 궁리한 결과다. 80대의 두 부부가 살아가는 데는 서로의 도움이 꼭 필요하다. 부엌의 벽이 이로리 쪽으로 열려 있는 구조여서 툇마루나 이로리 곁에서 시간을 보내는 이케다 씨와 부엌일을 하는 히사코 씨가 서로 눈을 맞출 수 있다. 공간이나 수납도 매우 정교하게 나눠지고 배치되어 사용하기 편리하다.

⊥ 온화한 오무라 만이 보이는 너른 툇마루에서 한가롭게 시간을 보내는
　　 이케다 씨와 히사코 씨.

⊢⊥ 자연호안(自然護岸)을 만들어낸 곳의 해안선.

⊢⊤ 울창한 나무들 너머로 초가지붕의 본채가 보인다.

기둥의 재료도 규수 지역의 것. 벽은 회반죽을 발랐다.

이로리 위쪽엔 커다란 들보들로 짜여 있다.

이로리의 불을 지키는 것은 이케다 씨의 일과다.

집 뒤쪽으로 나가는 계단. 계단 밑 우측 안쪽에 욕실이 있다.

순환형사회에 걸맞은 집을 짓다

순환형사회에 걸맞는 건물을 만들고자 할 때, 크게는 전지구적 규모에서, 작게는 지역 내에서 자연의 재생범위 안에서 물건을 사용하고 자연이 정화할 수 있는 범위 안에서 폐기한다면 환경에 대한 부담을 최소화할 수 있다. 이케다 씨가 '이케다학원'을 통해 마을 만들기에 관여했던 아키타현秋田県 산간지역에 있는 가와베마치河辺町의 우야시나이鵜養 마을에서는 한 해 생활에 필요한 연료로서의 장작은 1년 동안 자연이 재생산할 수 있는 범위 안에서 베어내고 그 이상은 함부로 베지 않는다는 원칙을 마을 사람 모두가 지키고 있다. 이런 일은 50년 전에는 당연한 일이었지만 경제를 우선하는 사회구조에서 차츰 무너졌다. 미래에도 자연과 인간이 지속적으로 조화를 이루는 환경을 마련하기 위해 우리는 무엇을 할 수 있을까. 그 지역의 자연과 환경을 지키는 데 필요한 순환형사회를 파괴하는 무절제한 건축행위를 막기 위해 무엇을 할 수 있을까.

첫 번째는 그곳에 있는 자연과 생태계를 가능한 한 파괴하지 않는 것일 테다. 이케다 씨가 이 토지를 구입한 1972년 즈음의 오무라 만은 사람의 손이 거의 닿지 않는, 자연이 훌륭하게 보존된 곳이었다. 그러나 다양한 생물이 서식하면서 산과 바다와 물과 생물을 이어주던 자연호안이 차례로 철거되면서 콘크리트호안을 만드는 공사가 진행되었다. 호큐안에서는 자연호안을 가능한 한 그대로 두어서 원래의 부지 남쪽에 있던 작은 산의 식생도 보존했다.

그다음으로, 가능한 한 가까이에서 구할 수 있으면서 마지막엔 흙으로 돌아가는 재료를 사용하는 것일 테다. 지금처럼 물자의 운반과 유통시스템이 정비돼 있지 않던 시절에는 전 세계 어느 곳에서나 그 지역의 재료로 집을 짓는 일이 당연했다. 지역생산, 지역소비가 이루어졌던 것이다.

자연소재를 가능한 한 가공하지 않고 사용하는 것도 한 방법이다. 자연소재를 사용해도 합성수지나 접착제와 섞어버리면 폐기할 때 산업폐기물이 되고 말지만, 자연소재를 그대로 갖다 쓰면 집의 수명이 다했을 때 흙으로 돌아갈 수 있다.

호큐안에 사용된 굵은 기둥과 윤이 나는 마룻바닥은 미야자키 현宮崎県의 삼나무, 이로리의 연기에 검게 그을린 들보는 구마모토熊本 산 소나무 원목이다. 지붕의 이엉은 장인과 함께 아소阿蘇의 다카하라高原에서 왔다. 벽은 회반죽을 발랐다. 호큐안을 구성하는 재료는 전부 옛날부터 규슈지역에 있었던 것들뿐이다.

전통기술의 계승이라는 관점에서는 그 지역의 장인들이 지니고 있는 오래된 기술을 활용할 수 있는 일거리를 만들어내는 것이 중요하다. 종종 예로 거론되지만, 이세신궁伊勢神宮에서는 20년마다 건물을 새로 지어서 제신祭神을 옮기는 식년천궁式年遷宮을 통해 장인들의 기술이 끊어지지 않고 후세에 계승되도록 하고 있다.

이케다 씨는 오무라 만에 면한 토지를 구입하고 호큐안을 짓기까지 30년의 기간 동안 몇 번이나 설계안을 다시 만들었다고 한다. 그중에는 이른바 모던한 디자인도 있었다. 전통적인 민가 건물로

⊥ 신을 모셔놓은 감실(龕室)에 비쭈기나무를 장식하는 이케다 씨와 부엌일을 하는 히사코 씨.

TT 기능적으로 만들어진 부엌선반이 매우 사용하기 편리하다고 말하는 히사코 씨.

ㅏ　부엌 안쪽의 다다미방.
ㅜㅜ　지붕의 이엉은 아소의 다카하라에서 장인이 싣고 온 것이다.
ㅜㅜ　집 뒤편의 서재. 활짝 트여 있는 창 덕분에 실내는 환하다.

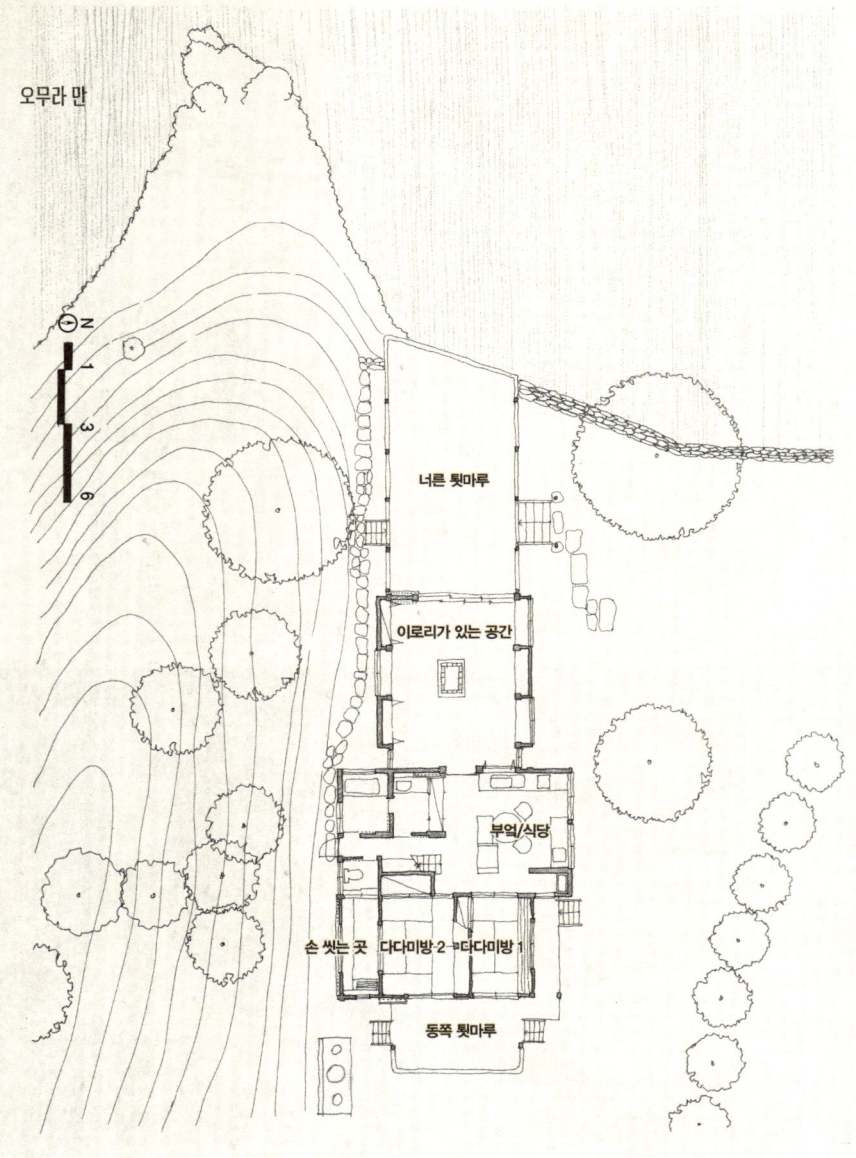

오무라 만

너른 툇마루

이로리가 있는 공간

부엌/식당

손 씻는 곳 다다미방 2 ─ 다다미방 1

동쪽 툇마루

건축면적	10b.5제곱미터
구조 및 규모	목조축조 구조 1층
가족구성	부부 2명
소재지	나가사키현 니시소노기군 長崎県西彼杵郡

결정한 것은 동네에서 친해진 당시 60대 중반의 도편수에게서 전통 민가를 지을 일이 40년 가까이 없었다는 이야기를 들었기 때문이다. 도편수의 기술을 제자에게 전할 기회를 갖지 못하면 전통기술을 가진 장인의 맥이 끊어져버린다. 호큐안을 지으면서 이엉 이기기술이나 전통적인 이음매, 장부_{한 부재의 구멍에 끼울 수 있도록 다른 부재} _{의 끝을 가늘고 길게 만드는 일} 깎는 일에 참여할 수 있었던 것은 4명의 제자에게도 매우 귀중한 경험이 되었다.

건축 근대화의 선봉을 달려온 이케다 씨가 그 대극이라고도 할 수 있는 전통기법으로 손수 자신의 마지막 거처를 만들었다는 것에 격세유전이나 회고의 의미는 없다. 순환형사회에 대비하고, 미래에의 기술계승을 생각했을 때 이케다 씨가 설계한 집은 지금 시대에 새로운 제안이다.

초고층빌딩과 초가집

제2차세계대전에서 이케다 씨는 군함을 타고 마리아나, 레이테, 오키나와까지 세 차례 해전海戰을 치렀으며, 오키나와 특공전에서 격침당한다. 그는 얼굴에 큰 화상을 입고 기름투성이 바다에서 다섯 시간 반 만에 구출되었다. 그리고 사세보佐世保의 해군병원에 수용된다. 반 달 정도 지나 상처는 아물고 산벚꽃이 필 무렵 불쑥 산책을 나섰다. 그때 본 오무라 만의 녹색과 온화한 바다의 반짝임은

눈부셨고, 언제가 평화로운 세상이 오면 이런 곳에서 살아보고 싶다는 꿈을 꿨다.

오무라 만에서의 기억은 완전히 잊은 채 일에 몰두했던 그는 40여 년 전 면접 자리에서 나가사키 출신 여성과 이야기를 나누는 동안 오무라 만의 풍경이 다시금 떠올랐다. 그리운 마음에 안절부절못하다가 그로부터 일주일 후 오무라 만을 찾아가 기억을 더듬어가며 주변을 둘러보았다. 그리고 지금의 대지를 구입하기로 결정했다.

1972년에는 지인에게 양도받은 알루미늄제 스페이스유닛간이 조립식 오두막을 갖다놓고 매년 여름과 겨울휴가 때마다 이곳을 찾았다. 전우와 우연히 만나기도 하고, 그 지역 사람들과의 교류도 생겨났다. 실로 30년 가까운 시간 동안 이곳에서 무수한 계절과 다양한 기후를 겪으면서 언젠가는 이곳에 '마지막 거처'를 짓고 싶다는 바람을 품고 있다가 2001년에 호큐안을 완성한 것이다.

마침 오무라 만을 오가기 시작했을 무렵 본사를 직접 설계한 신주쿠 미쓰이빌딩으로 옮겼는데, 그곳에서는 창문이 열리지 않아 하루종일 에어컨을 켜고 일해야 했다. 그 무렵부터 이케다 씨는 인공적으로 만들어진 환경에서 사람이 오래 지내는 것은 문제가 있는 게 아닐까라는 생각을 하기 시작했다. 기술로 자연을 조절하는 것에 의문을 품기 시작하면서 동시에 인간을 포함한 자연계의 모든 생명은 거대한 자연의 일부이며, 생태계 일부가 파괴되면 전체에 영향을 미친다는 것을 깨달았다. 일을 하면서도 생태계를 파괴

할 여지가 있는 계획에는 반대하는 등 눈앞의 이익보다 순환형사
회를 실현하고자 애써왔다.

일본에는 무수히 많은 신이 있다. 그중에서도 물, 불, 바람, 바
다, 산, 거목, 동물 등의 자연과 관련된 신에 대해 사람들은 경외
심과 두려움을 품어왔다. 그것은 인간이 닿을 수도, 생각할 수도
없는 영역을 의식하여 자신의 한계를 알고 겸허하게 살아가야 한
다는 것을 스스로에게 이해시키는 행위이기도 하다. 이케다 씨는
"과학기술의 진보와 발전으로 너무나 편리한 세상을 살고 있는 지
금이야말로 인간이 자제하며 스스로를 조절하는 것이 중요하다"
고 말한다.

이케다 씨가 업무 일선에서 물러나 자유롭고 겸허한 한 사람으
로서 세운 호큐안의 존재방식에는 지금 다시 한 번 우리가 깨달아
야 할, 지극히 소중한 것들이 가득 차 있다.

글 간다 마사코

흙과 물과 볏짚으로 만든
흙벽의 매력

원래 전통 민가는 주변에서 쉽게 구할 수 있는 재료로 만들었다. 흙, 나무, 풀, 돌까지, 전부 자연과 그 주변에 있는 소재다. 인간은 그것들을 말리거나 부수거나 깎아 비바람과 추위를 막기 위한 노력을 기울여왔다. 원래부터 그 자리에 있던 것들이니 사용하지 않으면 다시 자연으로 돌아간다. 요즘은 '환경에 부담을 주지 않는다'라는 표현을 쓰지만, 옛날 집은 그런 것에 대해 생각할 필요조차 없었다.

생활에도 낭비가 없었다. 낭비가 없다는 것은 쓰레기가 나오지 않았다는 뜻이다. 가축이나 사람의 배설물까지도 비료가 되었다. 버릴 것은 아무것도 없었다.

지금 우리의 생활은 매일 쓰레기 정리에 쫓긴다. 오늘은 일반 쓰레기, 내일은 플라스틱, 병과 캔과 종이상자는 재활용쓰레기… 제 날짜에 쓰레기를 처리하느라 바쁘다. 주택을 설계해도 많은 쓰레기통이 주방을 점령한다. 재활용을 한다는 것은 환경에 좋은 일처럼 생각되지만 그러기 위해서는 엄청난 에너지가 필요하다. 물론 매립하는 것보다는 훨씬 낫다. 하지만 정원에 매립해 흙으로 돌아가는 형태라면 더욱 좋을 것이다.

아파트에서 생활하다 보면 베란다의 식물을 분갈이 한 흙은 '불에 타지 않는 쓰레기', 잡초는 '타는 쓰레기' 취급이다. 흙이나 잡초는 정말로 쓰레기일까?

그렇게 생각하면 예부터 흙벽은 현대의 쓰레기로 만들어졌다. 점토질의 흙에 물과 볏짚을 섞은 다음 시간을 들여 발효한다. 그 과정에서 점액질이 나와 부서지지 않는 거친 벽토가 된다.

지금이야 신축에서는 거의 찾아볼 수 없게 된 흙벽이지만 전통을 복원한 목조주택을 만드는 미장이 동료들은 흙벽의 좋은 점을 알리고 싶어 지금도 전국 각지에서 흙을 개고 있다.

내가 언제나 일을 부탁하는 미장이 에하라(江原) 씨는 군마현(群馬県) 출신으로 흙도, 볏짚도 그 지역에서 마련해 쓴다. 흙벽작업을 시작했을 때 밑바탕에 사용할 대나무를 좀처럼 찾기 힘들어 지역 생활정보지를 보면서 일일이 전화를 돌렸다고 한다.

흙벽에는 실내환경을 정비하는 훌륭한 '능력'이 있다. 열을 유지하고, 습기를 흡수하는 성능이 있다는 것은 이미 실증이 완료되었다.

흙벽의 공정은 대나무 등으로 기본골격을 만드는 것에서 시작한다. 자른 대나무를 종려나무의 새끼 등으로 엮어나가는 외엮기는 조금만 연습하면 누구나 할 수 있으므로 건축주도 함께 참가해서 워크숍으로 진행하는 것도 즐거운 일이다. 완성한 대나무 틀은 뒤에 가려 보이지 않는 것이 안타까울 정도로 아름답다.

거기에 수개월 전부터 미리 준비해서 숙성시킨 벽토를 발라나간다. 뒷면까지 다 발라 한 달 이상 잘 말려서 균열이 생기게 한다.

그때부터 고름질을 여러 차례 하고, 중간 바르기, 완성의 공정을 밟는다. 재료의 상태, 안료의 배합, 사용하는 흙손의 종류, 흙손 다루는 기술에 따라 결과물은 천차만별이다. 사람 손으로 하는 일이기 때문에 같은 재료와 도구를 사용해도 장인에 따라 완성된 형태도 다르다. 현장은 젖은 흙과 석회 냄새로 가득차고, 재료를 흙받기에 올려놓고 흙손으로 비비는 소리가 조용히 울려퍼진다.

요즘 세상의 시간감각으로 보면 너무 느린 일처리다. 하지만 앞으로 몇 십 년이나 살 집을 왜 그렇게 급하게 지어야 하는가? 그 이유는 '시간은 돈이기' 때문이다. 경제적 효율성을 높이기 위해서는 불필요한 시간과 노력은 최소화하고 '합리성'을 따져야 하기 때문이다.

그런 사회의 흐름에서 흙벽은 모두에게 외면당했다. 그대로 흙으로 돌아가 환경에 부담을 주지 않는 궁극의 소재임에도 말이다.

옛사람들은 사람의 목숨이 다하는 것을 '흙으로 돌아간다'라고 표현했다. 물론 토장(土葬)을 하면 사람의 신체는 분해되어 실제로 흙이 된다. 하지만 '돌아간다'는 뜻은 원래 사람은 흙에서 태어났다는 의미도 들어 있다.

도쿄에서 수목장림을 만들자 응모자 수가 16배에 이르렀다고 한다. 뼈는 흙 속에

TTT 흙벽의 기본 골격이 되는 대나무 외엮기. 목수도 돕는다.
TTT 거친 벽토를 바르는 단계. 대나무 틈 사이에 꼼꼼히 채워 넣는다.
TTT 건조시킨 뒤 일부러 균열이 생겨나게 한 흙벽.

묻히고, 그대로 흙으로 돌아가는 공동묘지다. 이 열풍에는 자손에게 묘를 지키는 부담을 주고 싶지 않다는 마음도 있을지 모르지만, 자연으로 돌아가고픈 바람도 들어 있지 않았을까.

지금 다시 한 번 생명의 순환. 결국 흙에서 태어나 흙으로 순환한다는, 원점으로 돌아가볼 필요가 있지 않을까. 그렇게 한다면 앞으로의 세대에게 빚이 될, 흙으로 순환하지 않는 '쓰레기'를 태연하게 만들어내는 일은 없지 않을까.

글 **하야시 미키**

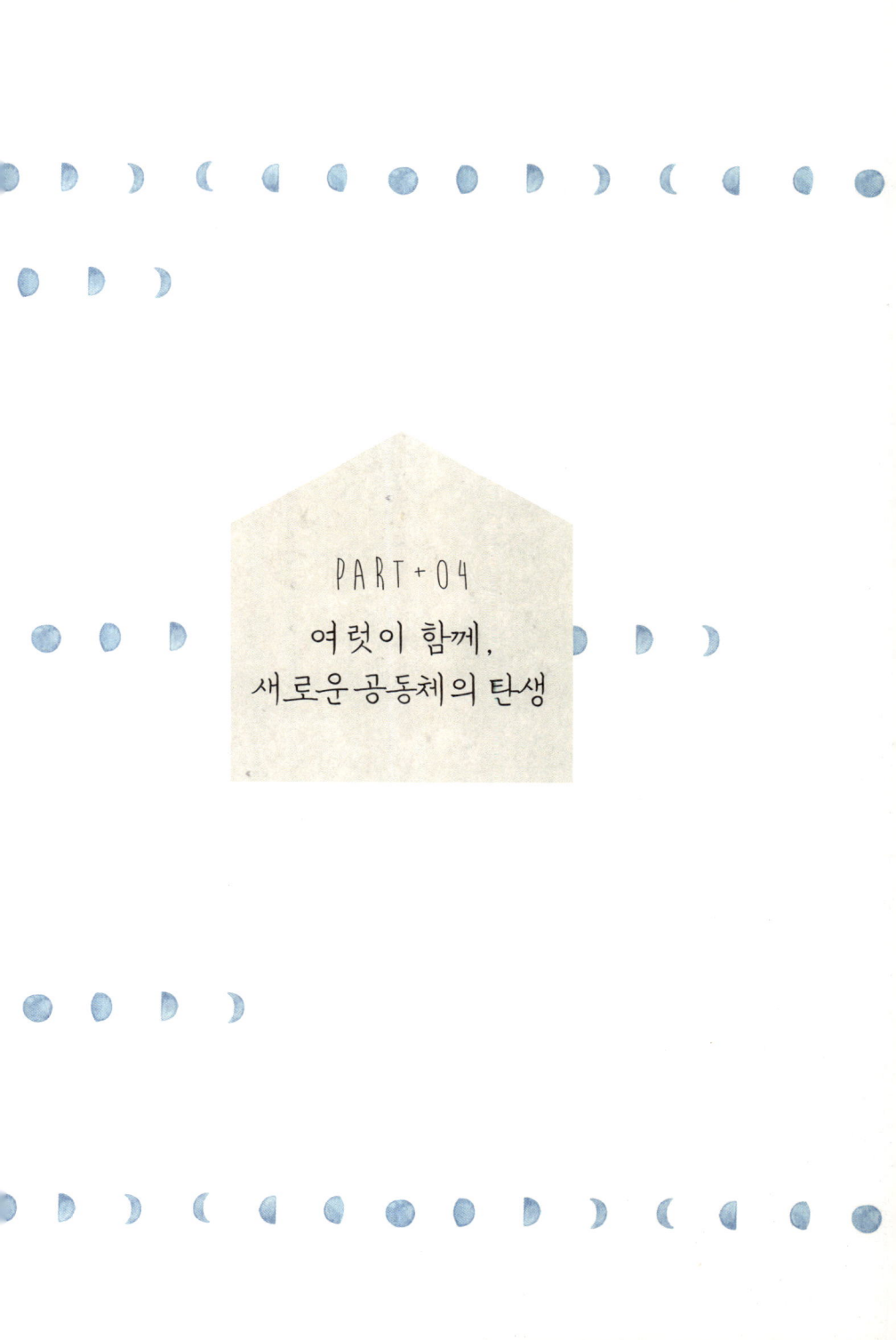

PART + 04

여럿이 함께,
새로운 공동체의 탄생

08

느슨하게 마을과 연결되는
목조연립

_오모리 롯지

도쿄 오다구의 뒷골목에서

쇼와시대1926~1989 생활상을 지금껏 간직해온 여섯 동짜리 연립주택.

"사람과 마을에 친절한 공간을 만들고 싶다"며,

주인은 재건축 대신 리노베이션을 선택했다.

그리고

툇마루와 골목길 같은 '여백'의 공간과

느슨하게 연결되는 부지 안에서

딱 적당한 거리감의 커뮤니티가 탄생하고 있다.

사용할 수 있는 것은 그대로 남기는 리노베이션

첫인상은 쇼와시대의 뒷골목. 하지만 그 시절과는 공기가 다르다. 간소하면서도 구석구석까지 윤기가 느껴진다. 다섯 동의 연립주택과 한 동짜리 단독 임대주택으로 이루어진 '오모리大森 롯지'는 쇼와의 고도성장기에 오다구大田区의 마을공장에서 일하는 사람들을 위한 임대주택으로 지어졌다. 헤이세이시대1989~에 들어서고 20년이 지나자 노후화해 공실도 늘어났다. 통상 그 시점이 되면 재건축을 하겠지만 야노 이치로矢野一郎 씨는 리노베이션을 선택했다.

야노 씨는 오랫동안 부동산업계에 적을 두고 있다가 환갑 전에 일을 정리하고 지금은 임대업에 전념하고 있다. 오모리 롯지는 부인의 친정이 소유하고 있던 연립주택이다. 야노 씨 자신이 나무집에서 자랐기에 리노베이션을 하면서도 나무가 있고 바람이 통하는 공간을 남기고 싶었다고 한다. "환경과 생명은 한 몸이죠. 새가 하늘을 날고 있으면 새와 하늘은 한 몸, 물고기가 헤엄치고 있으면 물과 물고기는 한 몸인 법. 나는 이곳을 환경과 한 몸이 되어 사람들이 활기차게 생활할 수 있는 공간으로 만들고 싶었어요."

토지와 물은 생명을 키우는 근본이자 사회공통자본이다. 야노 씨는 오모리 롯지를 수리하면서 투자와 수익을 우선해선 안 된다는 생각이 있었다. 거액을 대출받아 땅에 꽉꽉 들어차게 임대아파트를 지어봤자 계획대로 자금을 거둬들일 수 있는 것도 아니다. 그렇다고 깨끗한 환경과 오래된 건물을 보전하려는 자원활동을 하려는 것도 아니다. 오모리 롯지를 수리하는 것은 보존이 아닌 '연명'으로, 5년 안에 회수할 수 있는 비용을 생각하고 계획을 세웠다.

오모리 롯지는 원룸 6개, 1DK_{방 하나에 다이닝룸과 키친으로 이루어진 구조} 1개, 아틀리에가 달린 주거공간 4개, 4DK 1동으로 구성되어 있다. 내진과 방화, 단열을 우선해 수리했다. 내진과 방화를 위해 벽을 늘리고, 골조의 접합에 철물을 추가했고 특히 약했던 기초는 잭업_{JACK UP}으로 보강했다. 원래 들어가지 않았던 단열재도 넣었다. 또한 다다미를 마루로 바꾸거나, 수납공간을 샤워부스로 개조하는 등 현대식 생활에 맞춰 손을 보았다. 그 외에는 건물에 거의 손을 대지 않고 주방과 창호_{窓戶} 등 재사용할 수 있는 것들을 남기고 부자재도 재활용했다.

설계는 블루 스튜디오가 맡았다. 설계감리를 담당한 아마노 미키_{天野美紀} 씨는 오모리 롯지의 주거와 일터를 겸한 아틀리에에 살면서 관리인 일도 하고 있다. 원래 있던 것들을 가능한 한 그대로 남기는 방향으로 설계한 것은 디자인을 강요하지 않고 사는 사람들이 자기답게 살아갈 수 있게 하기 위해서다.

리노베이션은 건물을 재생하는 것으로 여기기 쉽지만, 단순히 실용성이나 외관을 좋게 하기 위한 것만은 아니다. 본래의 목적은 주변환경도 포함해서 건물에 새로운 가치를 부여하는 것이다. 오모리롯지의 경우엔 부지 전체의 리노베이션이라고 해야 할 것이다.

야노 씨와 아마노 씨가 목표한 것은 마을과는 느슨한 경계를 만들고, 부지 내에서는 여유자적하게 지낼 수 있는 공간을 만드는 것이다. 대지를 둘러싸고 있던 콘크리트 울타리를 철거하고 판자벽으로 바꿨으며 발밑에는 풀꽃을 심었다. 동네로 향하는 표정이 훨씬 부드러워졌다.

계절을 느끼며 생활한다

지붕이 없는 일각대문으로 들어서면 화분이 줄지어 서 있는 골목길. 골목 깊숙이 들어가면 창고였던 건물의 골조만 남긴 정자가 서 있다. 잠시 모임을 갖거나 혼자서 멍하니 지낼 수 있는 공용공간이다. 부지의 안쪽은 광장이다. 이곳에 사람들이 모이면 나가시소멘여럿이 모여서 흐르는 물에 국수를 띄워 먹는 일본의 전통풍습을 하거나 야외영화상영회를 열기도 한다. 하지만 평소엔 아무것도 없는 빈 터다. 아무것도 없기 때문에 무엇이든 할 수 있는 공간. 야노 씨는 이곳

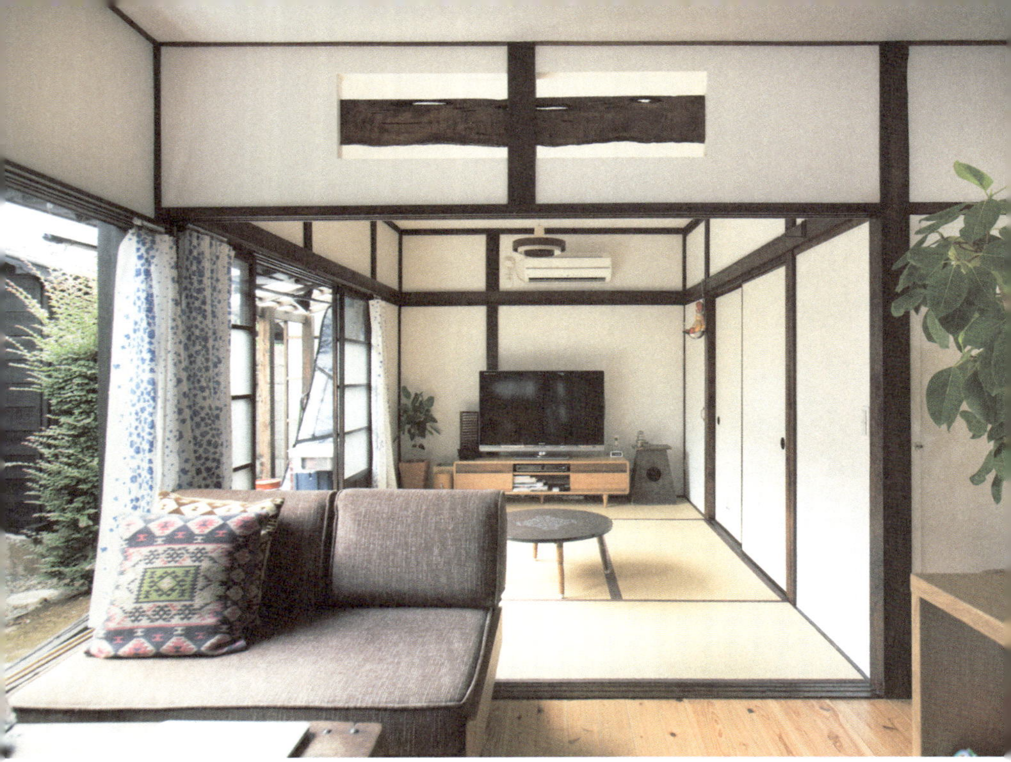

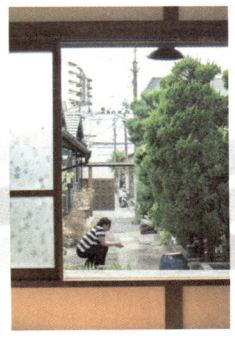

⊥ 야마다 씨의 집 거실. 집 안에 있어도 골목과 가깝다.
TT 정원의 녹색이 기분 좋은 늦은 오후.
TT 마을과의 경계는 바람이 통하고 분위기를 알 수 있는 삼목 널빤지 울타리로.

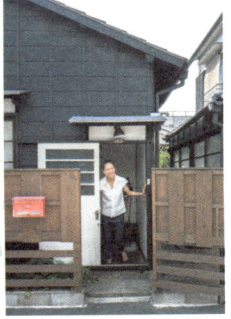

을 '여백'이라고 부른다.

각자의 집에는 정원에서 바로 드나들 수 있는 툇마루가 있다. 툇마루는 제2의 현관이 된다. 예전에는 한 집 한 집의 정원이 가림막으로 구분되어 있었지만 지금은 어느 집이든 골목과 정원이 연결되어 있어 골목길을 통해 오모리 롯지 내부를 빙빙 돌 수 있다. 바람에 나부끼는 빨래를 앞에 두고 툇마루에서 크게 기지개를 켜고 있으면 이웃집에서 인사를 하면서 지나간다. 외출했다가 비가 내리면 재택근무를 하는 이웃에게 전화를 걸어 빨래를 들여달라고 부탁한다.

"일각대문 안쪽에서는 민낯도 OK라는 것이 암묵의 규칙이에요. 빨래도 왕왕 말리는데, 이제 와서 새삼스레 체면을 차릴 필요는 없지요."

오모리 롯지에는 30대 싱글여성이 압도적으로 많다. 오하라 유키에小原幸惠 씨도 그중 한 명이다. 블루 스튜디오의 홈페이지에서 오모리 롯지의 존재를 발견하고 공간의 매력에 끌려 완공되기 전부터 신청을 해두었다.

3년 전부터 살고 있는 방은 8조8畳: 다다미 8개 크기. 다다미 1개는 세로 180cm×가로 90cm 정도의 원룸으로, 들보가 보이는 실내는 실제 면적보다 넓게 느껴진다. 앤티크한 가구를 놓은 실내에 오래된 무늬유리창으로 들어오는 햇살이 춤추고 있다. 문득 발밑을 보니 유리창에 덧댄 판자에 커다란 틈새가 보인다. 이런 상태라면 겨울에는 필시 추울 것이다.

"저는 몸에 익었지만, 친구들이 놀러오면 춥다고 하더군요. 태풍이 불 때는 비가 새기도 하고… 말하자면 계절을 느낄 수 있는 생활이지요."

개방적인 연립주택 생활은 역으로 말하면 겨울엔 춥고 여름엔 벌레가 들어온다. 이웃집의 생활소음도 잘 들린다. 오토 록 Auto-Lock System이 갖추어져 있는 아파트처럼 보안이 철저하다고도 말할 수 없다. 임대료는 근처의 신축 원룸과 비슷한 수준이다. 그런데도 빈방이 나오면 바로 채워진다.

갓 입주한 사람이 마주치는 고민은 수납공간이 좁다는 것이다. 원래부터 방이 작았던 데다 수납장을 샤워부스로 개조했기 때문에 무리도 아니다. 어쩔 수 없이 가재도구들을 줄일 수밖에 없다.

"그동안 벽장에 넣어두었던 물건들을 어떻게 하면 좋을지…."
오하라 씨도 짐을 정리하면서 고민이 컸다.

어쩔 수 없이 드러나는 수납을 하게 되니 불필요한 물건을 없애나갈 수밖에 없다. 그러자 그 사람만의 개성과 센스가 부각되었다. 아마노 씨는 플라스틱 케이스를 처분하고 옛날 민가에서 썼을 법한 전통옷장을 인터넷으로 구입했다. 2년 전 '전망 좋은 집'을 찾아 이사온 야마다 쇼지山田昭二 씨와 미유키みゆき 씨 부부도 물건들을 처분하느라 애를 먹었다고 한다. 오래된 재봉틀과 빈티지한 의자를 함께 배치한 모습에서 엄선한 물건에 대한 애착이 느껴진다.

ㅗㅗ   천장의 반자널을 걷어내 들보가 보이게 수리한 오하르· 씨의 방.
ㅗㅗ   오모리 롯지에는 아틀리에가 달린 룸이 4개 있다.
        최근 이사 온 입주민은 헌옷과 빈티지 가구점을 오픈했다.
TT   일각대문 위로 비치는 온화한 불빛이 밖에서 돌아오는 사람들을 따뜻하게 맞
        는다.
TT   선선해진 저녁시간에 정자에서 열린 술자리. 퇴근한 입주민들과는 '다녀왔습
        니다', '어서오세요'라는 인사를 주고받는다.

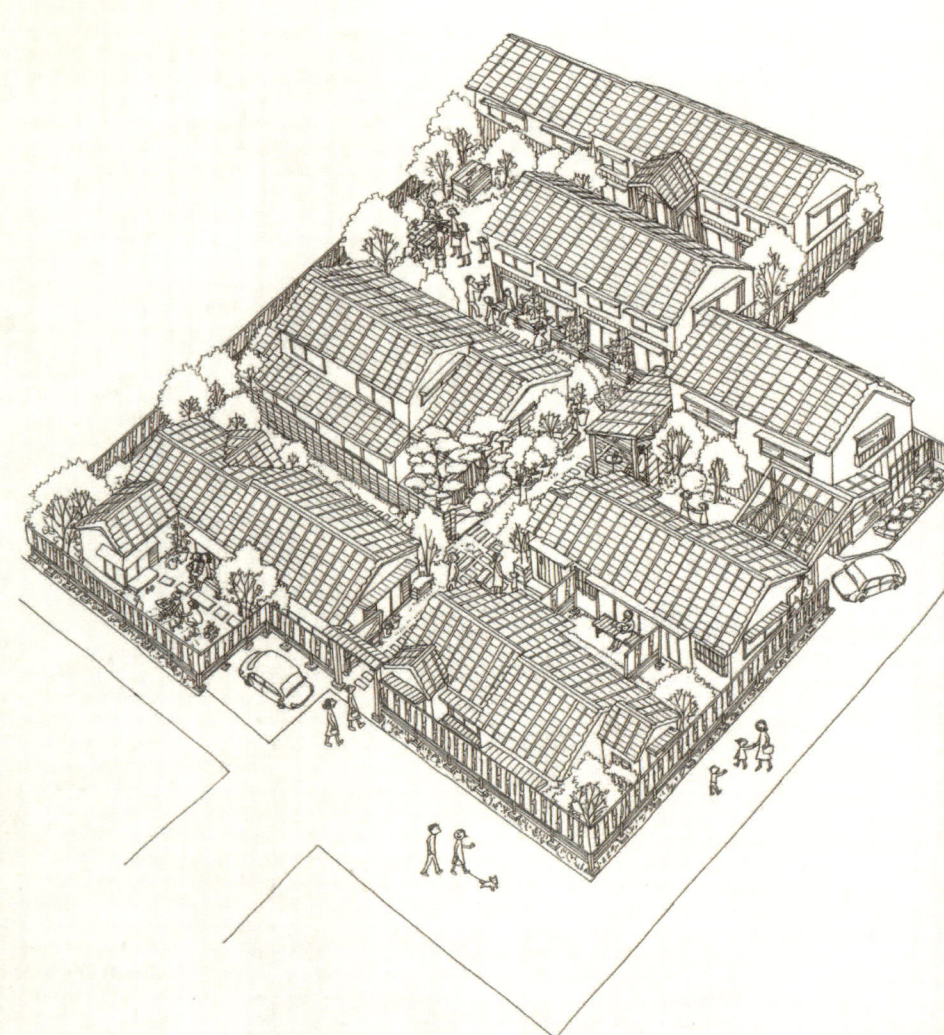

부지면적	909제곱미터
전용면적	약 20~76제곱미터
주거 호수	12호
구조 및 규모	목조 단층 3동, 목조 2층 3동
소재지	도쿄도 오다구東京都大田区

자료제공: 오모리 롯지
일러스트: furuyadesign

미유키 씨는 "오래된 집은 편안하다"고 말한다. 지금까지 오래된 건물에서만 살아온 그녀가 오모리 롯지에 와서 변한 것은 사람들과 관계 맺는 법이다.

"예전에 살았던 아파트에선 옆집에서 문 여는 소리가 나면 움츠러들곤 했어요. 이곳으로 이사온 후로는 '오랜만인데 인사라도 나눌까'라는 생각을 하며 문을 열고 나오죠."

입주민이 들어오면 집주인이 주최하는 환영회가 열린다. 1년에 한 번 늦더위 이벤트가 열리고, 입주민끼리 한잔 하는 일도 종종 있다. 트위터를 열면 "나베요리를 만들까 하는데 오실 분?"이라는 메시지가 들어와 있을 때도 있다. 마음이 내키면 참석하고, 참석하지 않는다고 해서 뭐라고 하는 사람도 없다. 모임이 파하면 모두 자연스럽게 야마다 씨 집으로 건너간다.

그렇다고 해서 간장을 빌려쓸 정도로 서로 자주 오가지도 않으며, 정자에 누가 있다고 해서 일부러 다가가 이런저런 이야기를 나누는 것도 아니다. 가깝지도 멀지도 않은 관계에 대한 배려는 쇼와 시대의 긴밀한 이웃과는 다른 형태의 관계를 만들어간다. 목소리가 들리면 '옆집 사람이 돌아왔구나' 하고, 일찍부터 불이 켜져 있는 걸 보면 '오늘은 쉬는 날인가 보다' 하는 식으로 이웃의 인기척을 알아차리는 일은 생활의 일부가 되었다. 이웃에 누가 사는지 알기 때문에 다소의 소음은 불쾌한 것이 아니라 오히려 안정감을 준다. 그런 관계를 아마노 씨는 '보이는 보안'이라고 말한다.

입주자는 중개업자를 통하지 않고 홈페이지를 통해 모집한다. '자립한 개인이 함께 즐길 수 있는 공간 만들기'라는 야노 씨의 생각에 공감하고, 이곳에 흐르는 공기에 마음을 빼앗긴 사람들은 임대료와 교통편이라는 기준으로 오모리 롯지를 선택한 것이 아니다. 가치관이 비슷한 사람들이 모이는 것이다. 서로 기분 좋게 지낼 수 있는 배려심 있는 사람들이 입주하는 것을 전제로 하기 때문에 관리규약도 따로 없다.

"언제든 나갈 수 있는 임대주택이기 때문에 딱 적당한 거리감을 유지할 수 있는 건지도 모릅니다." 야노 씨의 말처럼 깊은 관계를 쌓으려 신경 쓸 필요도 없으며, 물이 흐르는 것처럼 자연스럽게 관계는 변화해간다. 그 관계는 오모리 롯지를 나간 후에도 계속 이어지기도 한다. 최근 열린 신규 입주자 환영회 때도 예전에 살았던 부부가 술자리에 합석했다.

인간은 성가신 생물이다. 혼자서는 살아갈 수 없으면서도, 또 한편으로 인간에게 가장 공포를 느끼며 살아간다. 혈연도 지연도 없는 도시에서 살다 보면 문밖으로 한 발짝 나가는 순간 무방비 상태로 세상과 마주하는 것처럼 두려울 때도 있을 것이다. 한편 오모리 롯지에는 개개인의 거처가 있고, 정원에서 이어지는 골목이 있고, 그 너머로 동네가 있다. 몇 겹의 층을 이룬 공간에서는 가족이나 업무상 관계와는 또 다른 느슨한 관계가 자라고 있다. 그러한 연결감이 옷을 두껍게 껴입은 것처럼 사람들을 지켜주고, 그 안정감으로 더 커다란 세상에서 자신을 열어나갈 수 있을 것이다.

앞으로는 싱글이나 2인 가구가 한층 더 늘어갈 것이다. 인생의 한때를 사람과 사람이 서로 의지하며 살아갈 수 있는 장소가 많이 생겼으면 하는 마음이 간절하다. 그때 오모리 롯지는 더불어 살아가는 삶에 대한 하나의 롤 모델이 될 것이 틀림없다.

'쇼와의 뒷골목' 같은 첫인상을 주지만 이곳은 과거의 유물 같은 공간은 아니다. 예전의 잔영이 남아 있지만 나선계단을 오르는 것처럼 빙 돌아가면 또 다른 지평에 도달하는, 오래됐지만 새로운 삶의 실험이다.

글 히라야마 토모코

09

거주자 한 사람 한 사람이 만드는
작은 사회

_콜렉티브하우스 세이세키

갓난아기부터 70대까지,

다양한 세대가 한 지붕 아래 살고 있다.

커다란 주방에서 교대로 식사를 준비하고,

여유로운 식당에서 함께 식사를 한다.

무슨 일이든 합의점에 도달할 때까지 이야기를 나누고,

개인의 생활을 중시하면서도 서로를 지지한다.

옆 집 도 , 그 옆 집 도 모 두 아 는 얼 굴 이 다 .

 이 곳 에 는 그 런 안 도 감 이 있 다 .

한 지붕 아래, 한솥밥을 먹는다

　넓은 오픈키친의 카운터에 형형색색의 먹음직스러운 접시가 줄지어 올라가고, 맛있는 냄새가 번지기 시작하면 삼삼오오 공동공간으로 모여든다.

　오늘은 코몬 밀 데이common meal day로, 메뉴는 '타코라이스'. 아이들의 활기찬 목소리가 울려 퍼지고, 어른들끼리 대화를 즐기면서 자신이 좋아하는 장소에서 먹는 저녁밥이다.

　도쿄에서 조금 떨어진 교외, 오구리大栗 강변에 서 있는 '콜렉티브하우스 세이세키聖蹟'에는 현재 22명의 어른과 8명의 아이가 살고 있다.

　콜렉티브하우스collective house란 1930년대에 스웨덴에서 탄생해 1970년대에 여성의 사회진출과 더불어 발전해온 주거형태다. 입주자가 조합을 만들어 공동으로 주택을 짓고 소유하는 코퍼레이티브하우스cooperative house와 달리 콜렉티브하우스는 공동으로 살아가는 주거형태와 삶의 방식 그 자체를 목표로 한다. 최근 급속히 늘고 있는 '셰어하우스sharehouse'는 '동일한 가치를 지향하는 20대부터 30대 독신남녀'가 거실이나 부엌을 공유하면서 살아가는 스타일이지만 콜렉티브하우스는 다세대 공동주거를 전제로 하고 있다.

'콜렉티브하우스 세이세키'에는 욕실, 화장실, 주방을 갖춘 25제곱미터와 30제곱미터짜리 원룸이 6호, 42제곱미터와 50제곱미터 형태가 6호, 두 가족이 물 쓰는 공간을 함께 쓰는 셰어룸 형태가 8호 등 공간도 다양하고, 0세 아기부터 76세의 노부인까지, 다양한 세대, 다양한 직업군의 사람이 느슨한 커뮤니티를 형성하고 있다. 빈방이 생기면 하우스 내에서 이사할 수도 있다.

코몬 스페이스110제곱미터란 공용식당과 주방을 말한다. 이 공간에서는 한 달에 20회 정도 입주민들이 직접 준비한 것들로 음식을 만들고 함께 밥을 먹는 '코몬 밀'이 열린다. 이 공간은 언제든 자유롭게 사용할 수 있는 장소다. 재택근무를 하면서 서재처럼 사용하는 사람이나 빵이나 케이크를 만드는 사람 등 쓰임새도 다양하다. 세탁실과 야외텃밭, 정원 역시 다 함께 관리하고 있다.

업소용 주방기기를 이용해 한꺼번에 많은 양의 식사를 만드는 일이 쉽지는 않을 듯하다. 이 날의 당번이자, 입주 3년차인 시로타 류이치城田竜一 씨에게 물어보았다.

"처음엔 20인분의 요리 분량이나 순서도 전혀 알지 못했어요. 부담스럽기도 했지만 지금은 익숙해졌지요." 당번을 정하는 방식을 두고 시행착오를 겪다가 수개월 전에 자율적으로 일정을 정하도록 규칙을 바꾼 결과 마음도 편해지고, 준비하기도 수월해졌다고 한다.

"평일엔 업무상 밤늦게 돌아오는데 그럴 때는 음식을 따로 남겨달라고 부탁합니다. 아내는 가족들 식사를 준비하지 않아도 되는만큼 도움이 많이 되는 모양입니다." 시로타 씨의 말처럼 코몬 밀은 매일의 식사준비에서 해방되는 묘안이기도 하다.

"아이들도 있고 연배 있는 분도 계시기 때문에 몸에 좋은 식단을 짜려고 노력해요. 재료도 원산지를 신경 쓰고, 알레르기가 있는 사람도 배려합니다. 예산의 압박도 있어 늘 계산기와 씨름하지요."

코몬 밀의 가격은 하우스 내 통화인 '사쿠라권'으로 400히라 _{400엔}정도. 식사를 준비하는 것은 이곳에 사는 모두의 건강을 배려하는 일이기도 하다. 코몬 밀의 담당자는 요리를 잘하느냐 못하느냐에 관계없이 남녀노소 모든 어른이 돌아가면서 같고 있다. '음식'을 공유함으로써 '바른 식생활 교육의 장'이 만들어지기도 하고, 동시에 독립된 개인들끼리의 관계도 쌓인다.

커다란 사회 바로 앞에 있는 작은 사회

맞벌이를 하는 야다 _{矢田} 씨 부부는 '콜렉티브하우스 세이세키'의 계획이 시작됐을 때부터 입주 희망자 워크숍에 참가했다. 어떤 계기

⊥ 코몬 밀 데이에서 그날의 당번이 식사를 준비하고 있다.
TT 메뉴는 타코라이스와 수프와 야채절임이다. 입주민 모두가 좋아할 만한 몸에 좋은 식단을 준비한다.
TT 야다 씨 집은 거실에 가구를 두지 않고 아이들이 넓은 공간을 자유롭게 사용하고 있다.

코몬 스페이스에서 이어지는 넓은 베란다에서 편히 쉬는 가족.
각 세대의 문에는 위아래로 열리는 통풍창이 있다.

로 이런 주거형태에 관심을 갖게 됐는지 물어보았다. "아이들이 주변이나 동네 사람들과 함께 생활하면 좋겠다고 생각하고 있었는데 마침 콜렉티브하우스를 만난 것입니다."

워크숍은 동네 산책으로 시작한다. 계획안에 대해 서로의 의견을 자유롭게 말하고 모델하우스를 함께 둘러보기도 한다. 워크숍에 참가한 후 도모미智美 씨는 '사람들과의 커뮤니케이션이 버거운 사람들이 이곳에 모여든 것인지도 모른다'고 생각하게 됐다고 한다.

남편인 히로아키浩明 씨도 예전에는 사람 사귀는 게 힘든 편이었다. 그러나 지금은 사람들과 대화를 하는 것도, 하우스 안에서 다양한 당번을 맡는 것도 즐겁다고 한다.

하우스에서는 한 달에 한 번 NPO인 콜렉티브하우징사CHC의 담당자도 참석하는 회의가 열린다. 그때는 우선 각자가 '최근 신경 쓰이는 점'을 꺼내놓는다. 의장도 입주민들이 돌아가면서 맡는다. 세세한 일이든 뭐든 의제로 올린다. 이때 중요한 것은 다수결로 결정하지 않고 시간을 들여서라도 절충점을 찾아내는 것이다. 무엇이 문제인지 전부 드러내어 이야기를 나누고, 좀처럼 해결이 안 될 경우에는 워크숍을 열어 지속적으로 해답을 찾아나간다. "이곳은 커다란 사회 앞에 있는 '작은 사회'라고 생각합니다. 다양한 사람이 있고, 각자의 생각이 다른 게 당연하지요. 이런 문제해결 방법은 사회생활에서도 매우 도움이 됩니다"라고, 도모미 씨는 말한다. 워크숍에 몇 년씩 참가해온 만큼 자신감이 넘친다.

2011년 대지진 때 이 '작은 사회'는 어떻게 움직였을까.

"맞벌이가족이 많기 때문에 대지진 당일엔 집에 돌아오지 못하는 부모도 많았어요. 때마침 집에 있던 사람들이 아이들을 데리러 가고, 공동주방에서 저녁밥으로 카레를 만들어 먹이고 재웠지요. 우리는 언제나 메일로 연락을 주고받기 때문에 상황도 금방 파악됐고, 서로의 안부도 확인할 수 있었습니다. 자동차가 있는 사람이 몇 군데를 돌면서 집에 돌아오기 힘든 사람들을 태워주었고요. 정말 여기서 살길 잘했다는 생각이 들었습니다." 그 후 계획정전 때도 코몬 스페이스에서 손전등을 켜놓고 함께 시간을 보냈다고 한다.

6개월 전에 이사온 신참 오쿠보 나오코大窪尚子 씨는 대지진 당시엔 아파트에 살았는데, 옆집 사람 얼굴도 모른다는 것이 갑자기 불안해졌다고 한다. 새로운 집을 찾아 나섰지간 부동산의 매물은 예산이나 일조량, 역까지의 거리 등을 고려해 선택하는 수밖에 없어 마음에 차는 곳을 만나지 못하고 있던 차에 우연히 이 하우스 앞을 지나치게 됐다.

얼굴을 아는 사람들과 함께 지내는 게 목적이라면 지금 인기 있는 셰어하우스라는 선택지도 있지 않았느냐그 물어보니 "개별공간은 갖고 싶었고, 폭넓은 세대의 사람들과 함께 살아보고 싶었기 때문"이라고 말한다. 그는 이곳에 살면서 처음으로 뿌리를 내리고 있다는 기분이 든다. "연배 있는 분들과 이야기를 나누다 보면 마음이 편해지고, 이웃에서 아기 울음소리가 들리면 무슨 일일까 신경이 쓰이죠. 저도 앞으로 이런 환경에서 아이를 키우고 싶어요."

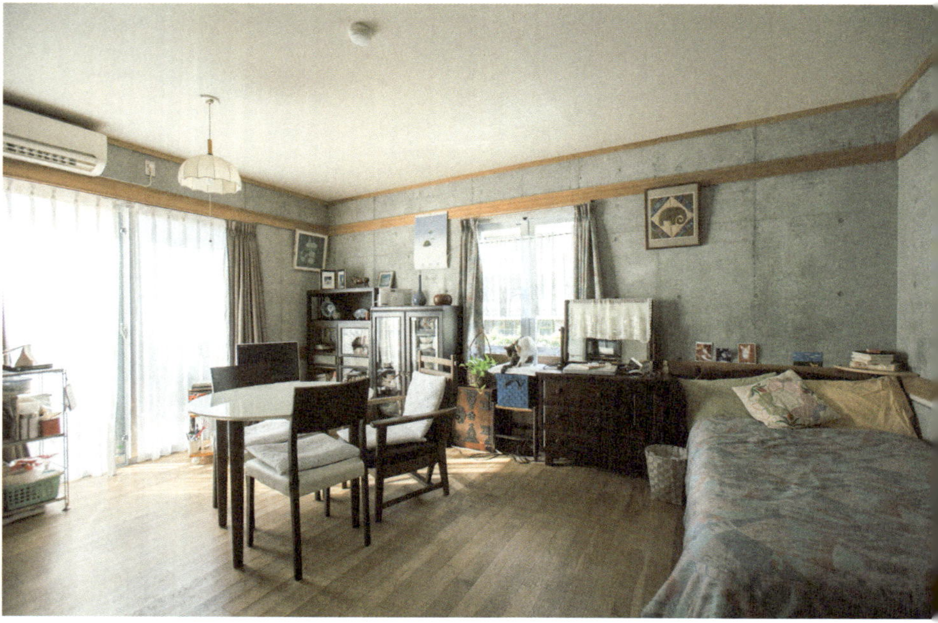

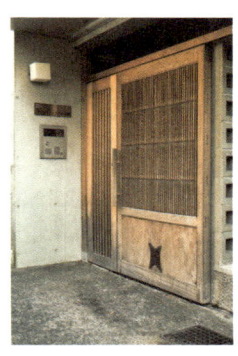

⊥ 30제곱미터짜리 원룸에 사는 후카타니(深谷) 씨의 집. 요리를 좋아해서 친구들과 함께 개인 룸에서 식사를 하기도 한다.

TTTT 뒤쪽 현관문. 낡은 창고 문을 재활용했다.

TTTT 남쪽으로 나 있는 개별 주거지 앞을 지나면 앞쪽 현관문이 나온다.

TTTT 건물 주변의 식물은 주민이 직접 돌보기 쉽도록 키 작은 나무를 심었다.

TTTT 옥상텃밭. 이곳에서 키운 채소도 코몬 밀의 재료로 쓰인다.

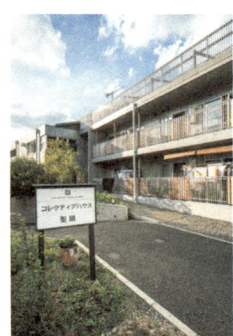

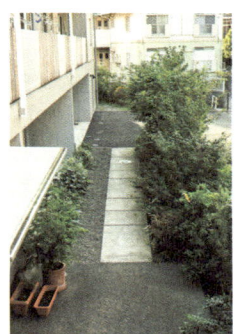

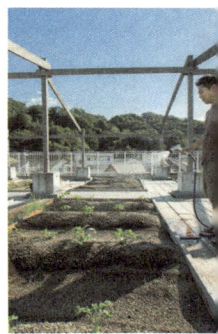

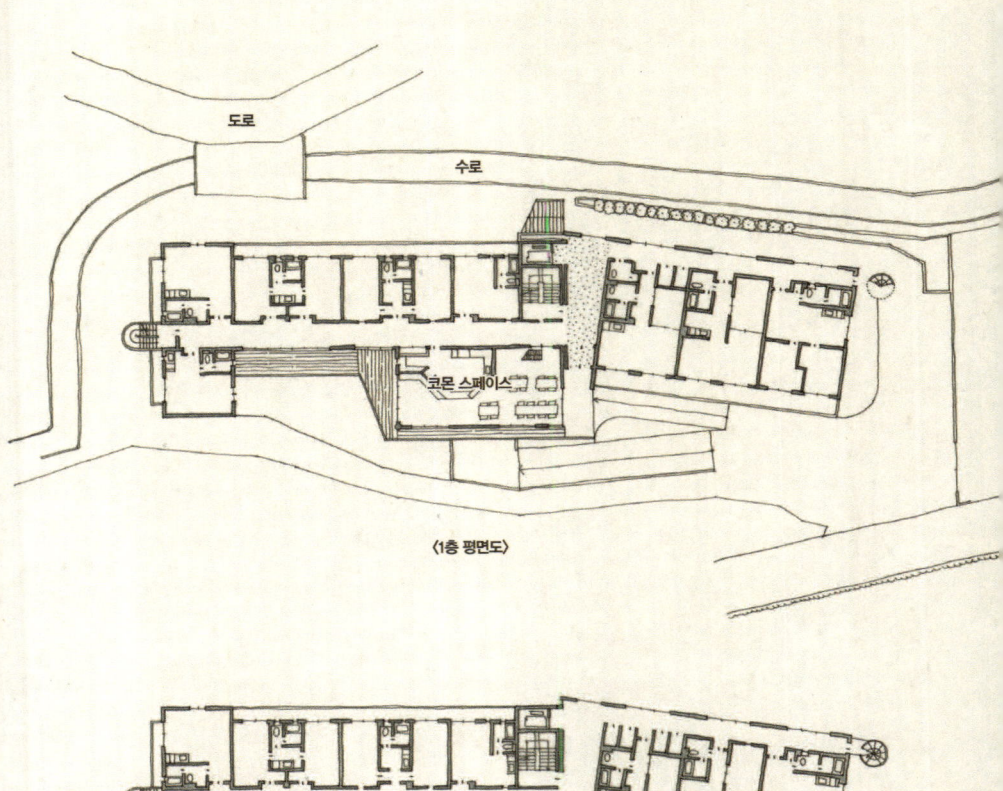

도로

수로

코몬 스페이스

〈1층 평면도〉

다락

N 1 3 6

〈2층 평면도〉

부지면적	1235제곱미터
건축면적	1100제곱미터
구조 및 규모	RC조 지하1층 지상2층
주거 호수	20호(25~50제곱미터)
소재지	도쿄도 다마시東京都多摩市

살고 싶은 동네를 만드는, 살고 싶은 집

'콜렉티브하우스 세이세키'는 행정맨으로 마을 만들기에 힘써온 고바야시 고요小林攻洋 씨가 갖고 있던 대지를 어떻게 활용할까 고심하고 있을 때 우연히 CHC를 만나 탄생했다. "재산은 유지만 하면 된다. 사업은 적자만 아니면 좋다. 앞으로 살아갈 세상에 도움이 되고 입주민이 '안심하고 지낼 수 있는 커뮤니티'라는 부가가치를 창출해내는, 그런 사업을 하고 싶었다"고 말한다. 현재 '이나기 마을 숲 그린워크'도쿄도 이나기시(稲城市)에 있는 마을 숲의 재생과 부활을 위한 모임 활동도 하고 있는 고바야시 씨에게 이것은 '미션'이다.

CHC의 첫 번째 신축 프로젝트를 설계한 것은 건축가인 시노다 히로코篠田弘子 씨다. 대지가 좁고 긴데다 높낮이 차가 커 기획단계부터 고생을 했다. 콜렉티브하우스의 심장부라고 할 수 있는 '코몬 스페이스'를 어디에 둘 것인가 하는 의제만으로도 몇 가지 안을 만들어 워크숍을 통해 입주희망자들과 여러 차례 의견을 주고받았다.

CHC는 프로젝트 단계에서는 기획과 코디네이터를 맡고, 준공 뒤에는 매달 회의에 참석하거나, 입주자를 모집하고 사업주를 지원하고 있다. CHC의 가리노 미에狩野三枝 씨는 기획부터 이 하우스와 함께 해왔다. 하나부터 열까지 모든 사안을 꿰고 있어 그야말로 또 한 명의 입주민이라고 해도 이상할 게 없다.

"우리가 실현하고 싶은 것은 입주민 한 사람 한 사람을 소중히 여기는 공동의 생활입니다. 사업가의 경제논리만으로 집이 지어지는 게 아니라, 입주민 스스로 살고 싶은 동네와 살고 싶은 환경을 만들어야 합니다"라고 가리노 씨는 말한다. CHC에서는 '입주 희망자 모임'을 만들어 월 한 차례 회의를 열고, 살고 싶은 동네와 주거환경 만들기를 이미지화하기 위한 워크숍을 개최하는 등 살고 있는 사람들이 주체가 되는 콜렉티브하우스 만들기를 지원하고 있다. 지금도 리폼 등을 통해 실현 중인 프로젝트가 몇 가지 있다.

모여 사는 것의 장점은 토지를 효율적으로 이용하고 건설비를 절약하는 것뿐만이 아니다. 오히려 거주자 입장에서 장점이 더 많을 것이다. 그런데도 정작 "이런 집에 살고 싶다!"는 거주자들의 목소리를 전달할 방법은 없다. 그렇다고 주어진 그릇에 자신을 짜 맞추는 '생활'에 만족할 수밖에 없는 것일까.

이웃이나 지역사회와의 연결성을 잃어버린 지금 '생활자 중심'의 거주방식을 희망하며 서로 돕는 '작은 사회'를 만드는 실험은 의미가 크다. '콜렉티브하우스 세이세키'에 사는 사람들은 자신만의 독립적인 생활을 경작해 가며 안락함과 풍요로움을 착실하게 손에 넣은 것처럼 보였다.

글 하야시 미키

10

시간에 쫓기지 않는
숲 속의 마을

고지카라 마을

나고야시 옆 나가쿠테시에는 신기한 숲이 있다.

수령도 제각각인 나무들이 뒤섞여 살아가는

고지카라 마을.

누구든지 자기 역할과 존재의 의미가 있는 곳이다.

이 곳 에   온 다 면

　　시 간 에   쫓 기 는   세 상 의   안 경 을   벗 어 보 자 .

생명 있는 것들이 서로 뒤섞여 움직이는,

잡목림의 매력이 눈에 들어올 것이다.

시간에 쫓기지 않는 마을

나고야시名古屋市와 인접한 나가쿠테시長久手市. 그 남동쪽에 위치한 고지카라 마을은 주택지에 둘러싸인 숲이다. 20여 년 전까지는 주변이 전부 잡목림이었지만 그 사이 개발이 되어 이곳만 섬처럼 남았다.

고지카라 마을에는 500명 이상의 사람이 살고 있다. 정확히 말하면 잡목림 여기저기에 특별요양노인홈特養, 쇼트스테이, 케어하우스, 데이서비스센터, 유치원, 탁아소, 간호복지전문학교, 오래된 민가 등의 시설이 있고, 그곳을 거처 삼아 생활하거나 일하는 사람들이 있는 셈이다.

'고지카라'란 애프터 파이브After Five를 의미한다. 효율성을 추구하는 회사의 논리가 통하는 것은 오후 5시까지다. 그 후에는 자유로운 시간이 계속 흘러가는, '시간에 쫓기지 않는 마을'이라는 의미가 담겨 있다. 고지카라 마을은 모든 사람에게 열려 있다. 하지만 효율 중심의 사회에 적을 두고 있다 보면 5시, 일이 끝나더라도 여전히 시간에 쫓기는 것이 현실이다. 따라서 고지카라 마을의 주인은 아이들과 노인, 세상에선 약자로 불리는 사람들이 중심이 된다.

숲 속의 건물들은 산을 무너뜨리지 않고, 나무를 자르지 않고, 나무의 키보다 커선 안 된다는 엄격한 규칙 아래 지어졌다. 높낮이 차가 심한 토지 깊숙이 들어앉은 건물은 나무들에 완전히 가려져 무엇이 있을까 하는 흥미를 불러일으킨다.

엄격한 규칙을 내세운 것은 고지카라 마을의 창립자인 요시다 잇페이吉田一平 씨. 현재는 나가쿠테시의 시장이다. "제 일은 유아교육과 복지가 아니라 숲을 남기는 것"이라고 신문 인터뷰에서 밝힌 바 있다.

요시다 씨는 1965년에 고등학교를 졸업한 후 15년간 고도성장기의 샐러리맨으로 열심히 일했다. 그런데 건강이 나빠져서 휴직을 하고 보니 자신이 없어도 회사는 아무 일 없이 잘 돌아갔다. 휴직기간 동안 지역에서 소방단으로 활동했던 그는 사람들의 진심이 담긴 '고맙다'는 인사가 삶의 보람으로 여겨져 아예 회사를 관뒀다. 그러자 샐러리맨 시절에는 느끼지 못하던 것들이 눈에 보였다. 어린 시절에 뛰놀던 나무들은 점점 잘려나갔고, 그 자리에 구획이 정리되고 주택이 세워졌다. 숲을 남기고 싶다, 아이들의 놀이공간을 만들고 싶다는 바람으로 나가쿠테 시내에 '아이치태양유치원'을 설립한 것이 1981년이다. 노인을 위한 시설설립에도 손을 댔고,

그 결과 나가쿠테시 각지에 특양과 데이서비스센터, 그룹 홈을 차례로 만들게 됐다. 현재 특양과 데이케어센터는 사회복지법인 '아이치태양의 숲', 유치원과 학교는 학교법인 '요시다학원'이 운영하고 있다.

너저분하고 구불구불한 느낌이 좋다

고지카라 마을은 1987년에 숲 속에 울퉁불퉁한 길 하나를 내고 특양을 만든 것이 시작이다. 경사면에 붙은 것처럼 서 있는 철근 콘크리트조 3층 건물인 특양에 들어서면 복도가 구불구불 이어진다. 별안간 도서코너가 나타났다가 넓디넓은 찻집과 마주치거나 하는 식이다. 나무를 피해 건물을 틀어지게 세웠기 때문에 엉뚱한 부분에서 굽어 있는 것이다. 이곳에는 돌봄이 필요한 노인 40명이 살고 있으며, 단기체류자도 25명이 머물고 있다. 치매를 앓는 사람도 적지 않다. "길을 헤매도 괜찮아요. 이 할머니가 도움이 필요하다고 생각되면 어린아이들도 가르쳐주니까요." 마을 책임자인 다나카 미키田中美貴 씨가 요시다 씨에 이어 마을을 안내한다.

"요시다는 '곧게 뻗어 있는 건 외롭고, 직선은 차갑다'며, 직선 자체를 싫어했어요. 굽어 있는 복도는 나무들을 꿰매어 잇는 작은 길의 이미지입니다."

미로 같은 건물 안, 어딘가에 숨어 있는 할머니를 찾으러 다니다

목수들이 마음을 모아 만들어준 '숲의 유치원' 놀이방. 졸업식이나 엄마들 모임도 열린다.

코로포쿠루(korpokkur: 아이누의 전설에 등장하는 난장이 이름을 따서 유치원 이름을 지었다)의 아이들과
물놀이를 하는 자원활동가 모임인 '기네즈카 셰어링' 회원들.

매주 휠체어를 청소하러 찾아오는 것이 즐겁다는 자원봉사자.

절벽 같은 장소에 서 있는 '숲의 유치원' 원사. 잡목림에 손을 대지 않은 고지카라 마을은
모든 건물이 대지의 경사에 맞춰 세워져 있다.

급경사면을 뛰어오르는 원아들. 초등학교에서는 "숲의 유치원 출신 아이는 넘어지지 않는다"고 평판이 자자하다.

원아들은 유치원에 놓아둔 장화를 신고 흙장난도 마음껏 즐긴다.

보면 당연히 돌보는 쪽의 부담은 커진다. 하지만 누구나 다른 사람 눈에 띄지 않고 구석에 가만히 앉아 있고 싶을 때가 있는 법이다. 여기서는 관리하는 게 아니라 곁에 있어주는 보살핌이 이루어지고 있다.

특양의 한쪽에는 1세부터 3세까지 아이들을 맡고 있는 탁아소가 있다. 어른은 아이들에게 1＋1＝2라고 가르치고 싶어 하지만 나이를 먹으면 그런 것은 아무래도 상관없다. 어차피 아이 스스로 깨달을 테니까. 아이는 자기 이야기를 잘 들어주는 할아버지나 할머니와 함께 있고 싶어 한다. 특양 안에 탁아시설을 둔 것은 단순히 그런 이유 때문이다. 노인의 재활효과를 노린다거나, 아이에게 뭔가를 가르치겠다는 효율 중심의 목적은 없다. 이곳에 특양이 막 생겨났을 때 '산속에 버려졌다'라는 것이 노인들의 솔직한 심정이었다고 다나카 씨는 말한다.

"더 살고 싶지 않다는 할아버지, 할머니들이 어떻게 하면 오늘 하루 웃으며 지내실 수 있는 방법은 무엇일까 하는 관점에서 생각해봤습니다. 새소리를 들으며 일어나면 어떨까 싶어서 닭을 키우고, 몸을 움직이면 잠이 잘 오지 않을까 해서 밭을 만들고, 하는 식입니다."

외부에서 사람들을 불러모으고자 애쓰기도 했다. 온천이 있고 숙박이 가능하며, 찻집은 밤이 되면 바bar로 바뀐다. 리조트시설 같기도 하다. 애초에 의도한 대로 고지카라 마을에는 다양한 사람이 찾아온다. 특양의 노인 가족들도 오고, 유치원에 아이들을 보내고 데리러 오는 엄마들이 오래된 민가에서 빵을 구워 팔고, 현역에서 물러난 아저씨들이 휠체어 씻기 자원봉사를 하고 있다. 한낮의 주차장은 관광객처럼 보이는 사람들로 북적인다. 모두 활달하게 인사를 나눈다.

다양한 사람이 모여들면 반드시 누군가는 무언가에 도움이 된다. 다양한 재료를 냄비에 넣어 잘 저으면 깊고 융숭한 수프 냄새가 퍼지는 것처럼.

나무들 사이에 숨어 있는 유치원과 케어하우스

다나카 씨의 뒤를 따라 숲 속 깊숙이 들어간다. 나무들 사이에서 비밀요새 같은 통나무집이 몇 개나 나타났다가 숨기를 반복한다. 이것이 1992년에 설립된 '숲의 유치원'이다. 나무를 베지 않고 아이들이 늘어날 때마다 작은 교실을 숲 속에 세워나갔다. 유치원 건물이 서 있는 높은 지대부터 유치원 마당까지의 경사가 절벽 같다. 유치원에 갓 들어온 아이들은 가파른 비탈길을 울면서 올라간다. 그것을 어르신들이 도와준다. 나무들 사이에 나 있는 매끈한 길은 아이들이 엉덩방아를 찧으면서 만들어놓은 길이다. 그네나 미끄럼틀은 없지만 흙장난을 하고 나서 씻을 수 있는 노천온탕은 있다.

├─ 케어하우스 마당에서 건물을 올려다본다. 숲 속의 나무들을 베어내지 않고 지었기 때문에 건물에 직각이 없다. 나무들을 피하느라 차양이 잘려 있다.

ㅓ 케어하우스의 프런트. 고지카라 마을은 모든 건물에
국산 목재를 넉넉히 쓰고 있다.

부지면적　　　약 10,000평

시설(인원 수) / 구조 및 규모

- 특별요양노인홈 '아이치 태양의 숲'(정원 80명), 쇼트스테이(정원 25명)+탁아소 '코로포쿠루'(원아 약 20명/일)
  / 철근 콘크리트조 지하 1층 지상 2층
- 오래된 민가 '오중장군의 집'(통학아동 약 15명, 등록 자원봉사자 27명) / 목조 1층(오래된 민가를 옮겨 지음)
- 숲의 유치원(원아 약 210명) / 목조 1층 7동, 목조 2층 1동
- 케어하우스 '고지카라 마을'(정원 50명) / 철근 콘크리트조 4층
- 데이서비스 '고지카라 마을'(정원 40명) / 목조 1층
- 아이치종합간호복지전문학교(학생 수 320명) / 목조 2층 5동, 철근 콘크리트조 지하 1층 지상 4층 1동

소재지　　　아이치현 나가쿠테시 네타케愛知県長久手市模楽

⊥⊥⊥ 특양 안에 있는 찻집은 누구나 자유롭게 이용할 수 있다. 밤이 되면 바도 연다.
⊥⊥⊥ '오줌장군의 집'에서는 매일 13명 정도의 아이들을 돌본다. 넓은 실내도, 정원도 마
음껏 뛰놀 수 있는 놀이공간이다.
⊥⊥⊥ 아이들과 노는 여성 자원봉사자. 자원봉사를 시작한 지 1년 반이 지났다.

여기서는 숫자나 글씨는 가르치지 않는다. 자연을 원숭이처럼 뛰어다니며 지내는 3년 동안 아이들은 노는 방법과 넘어져도 다치지 않는 감각을 익히고 나서 둥지를 떠나간다.

유치원에서 행사가 있으면 이웃한 케어하우스에 초대장이 도착한다. 케어하우스에서는 60세 이상의 건강한 노인들이 생활한다. 어딘가 온천여관 같은 데이서비스센터의 목조건물 옆에, 노인시설에는 어울리지 않는 급경사를 따라 올라가면 케어하우스가 있다.

케어하우스에서는 돌봄을 받을 수는 있지만 의료지원이 필요해지면 시설에서 나가야 한다. 입주자인 80대 남성은 "내 방을 찾지 못하고 언덕을 오르지 못하게 되면 다음 일을 생각해야죠. 울며 지내는 것도 한 생, 웃으면 지내는 것도 한 생. 즐겁게 지내고 싶네요"라며 웃는다. 케어하우스를 나온 뒤에는 특양에 들어가는 사람도 있다.

'있을 곳'은 누구에게나 있다

케어하우스 앞의 비탈길을 '지옥의 언덕'이라고 부르면서도 매일같이 오르내리는 70대 여성이 있다. 향하는 곳은 오래된 민가 '오줌장군의 집'이다. 여기서는 0세부터 초등학생까지의 아이들을 돌본다. 그녀는 자원봉사자약간의 급여를 받고 있다로 아이들을 돌보고 있다. "피곤하지만 귀여워요. 나를 보면 달려온다니까요"라며 얼

굴 가득 미소를 짓는다.

오줌장군의 집은 아침 7시 반부터 저녁 7시까지 운영하지만, 원하는 사람은 유료로 이른 아침부터 밤까지 맡아준다.

부모 입장에선 고마운 일이지만 이는 육아지원의 방편이 아니라 자원봉사자들에게 삶의 보람을 찾아주는 게 목적이다. 고령자뿐 아니라 정년퇴직한 남성이나 두 살짜리 아이와 함께 일할 곳을 찾고 있던 젊은 여성이 모여 있었다. "토요일과 일요일에는 한가한 학생들도 와요"라고, 70대의 자원봉사자 남성이 말한다. 자기 아이를 키울 때는 기저귀 한 번 갈아준 적이 없다. 그런데 지금은 "어린아이를 보고 있으면 질리지 않는다"며 도시락을 싸들고 매일 이곳을 오간다.

고지카라 마을을 눈앞에 두고 새삼 '있을 자리'를 생각했다. 여기서는 아이에게도 '있을 곳'이 있고, 노인에게도, 직원이나 자원봉사자에게도 '있을 곳'이 있다. '시간에 쫓기지 않는 마을'의 주인인 약자가 그곳에 존재하는 자체만으로 누군가를 돕고 있다. 누군가에게 도움이 되려고 애써 즐거운 척하는 일 따윈 전혀 생각하지 않고 말이다.

"시간에 쫓기지 않는 사람들의 마을은 불편하고 손이 많이 가서 번잡스럽고 생각대로 일이 풀리지 않는 곳이에요. 그래서 많은 사람이 관여하고 있기도 해요. 하지만 어떤 사람에게든 일어설 기회가 만들어지고, 역할과 있을 곳이 생겨납니다." 이것이 고지카라 마을의 이념이다.

고지카라 마을은 다양한 생명을 키우는 숲 그 자체다. 그동안 잡목은 삼나무나 편백나무만큼 가치가 크지 않다며 하찮게 여겨져 왔다. 그러나 잡목은 버섯이나 산채를 키워내는 보고이기도 하고, 화석연료가 없던 시절에는 우리에게 낙엽과 마른 나뭇가지 등의 연료도 주었다. 시장가치라는 가치관을 버리고 보면 사람도 나무도, 그곳에 존재하는 의미가 눈에 보인다.

새삼 우리의 일상을 돌아본다. 누구나가 존재 자체로 인정받는 '있을 곳'이 얼마나 될까. 고지카라 마을을 따라 시계를 멈춰보면 강자와 약자, 큰 것과 작은 것, 빠른 것과 느린 것의 척도가 달라진다. 그 틈으로 효율성과 정론에서 삐져나온 소중한 것들이 보일 듯하다. 고지카라 마을은 누구에게나 열려 있다. 이곳을 찾은 사람이라면 누구라도 잊고 있던 무언가를 틀림없이 발견할 것이다.

글 히라야마 토모코

나누는 삶과 커뮤니티

우리가 '커뮤니티'라고 부르는 것은 어디에 있고, 어떤 것인가? 사람들에게 물어보면 제각각 대답도 다르고 애매하다.

'커뮤니티'라는 글자를 보면 즐거운 표정의 친구 얼굴이 떠오른다. 확실히 가볍고 긍정적인 이미지다. 취미나 인터넷에서 만난 친구도 커뮤니티라고 부른다. 과거에 협동작업을 했던 '두레'처럼 자연에 기반한 상호부조나 자치를 실시하는 공동체로서의 커뮤니티는 자취를 감추었을까.

작년에 나는 '셰어하우스 CORE 우시고메 와카마쓰(牛込若松)' 프로젝트에 참여했다. 셰어하우스란 주택 한 채를 여러 사람이 공유하며 거주하는 방식으로, 최근 20대부터 30대까지 독신 남녀들 사이에서 인기가 많다. 혈연에 얽매이지 않는 사람들이 한 지붕 아래에서 부엌 등을 함께 쓰며 생활한다. 원래는 비용을 절약하고자 생겨난 형태인 듯하지만 지금은 임대료가 혼자 사는 것과 별반 차이가 없어도 '공동생활'을 선택하는 사람이 늘고 있다.

그 배경에는 몇 가지 원인이 있다. 하나는 좁은 원룸에서의 생활에 매력을 못 느끼는 것이다. 일터에서 지친 몸을 이끌고 돌아왔는데 옆집 사람 얼굴도 모르고, 캄

캄캄한 방에 들어서야 하는 것에 대한 불안감이다. 빈집이나 사용하지 않는 사원 기숙사 등의 재활용이라는 장점도 있어 현재 셰어하우스는 우후죽순처럼 늘어나고 있다. 셰어하우스에 특화한 사이트나 운영회사도 다수 존재한다.

'CORE 우시고메 와카마쓰'에서는 사람과 연결하고, 동네와 연결하고, 역사를 잇는 셰어하우스를 테마로 계획단계에서는 동네 산책, 회반죽 바르기 워크숍 등 다양한 이벤트를 개최했다. 셰어하우스가 사람과 관계를 맺으면서 지역과도 연결되고, 더 나아가 마을을 활기차게 만들어가길 바랐기 때문이다.

자신이 직접 공동주택을 지어 이러한 흐름에 동참하는 사람도 있다. 건축가인 야마다 다카히로(山田貴宏) 씨는 지속가능한 생활을 찾고자 4세대가 사는 '마을 숲 연립'을 만들었다. 연립형식의 독립된 주거공간과 공동으로 쓸 수 있는 코몬 룸, 코몬 키친, 손님방, 욕실 등이 있다. 함께 쓰는 공간에서 한 달에 몇 번은 식사를 같이 하거나 퍼머컬처*를 배운 네 가족이 농산물 작업을 하는 등 농사 중심의 셰어하우스 생활을 하고 있다. 지역의 친구들과도 연계해 이곳을 거점으로 에너지를 적게 쓰며 환경에 부담을 주지 않고 생활하기 위한 다양한 활동을 찾고 있다. 이

TTT   CORE 우시고메 와카마쓰에서의 회반죽 바르기 워크숍.
TTT   CORE 우시고메 와카마쓰의 식당(촬영 무라야마 히토미).
TTT   '마을 숲 연립'의 외관.

것이야말로 자발적인 커뮤니티 만들기라고 할 수 있지 않을까.

지역공동체로서의 커뮤니티는 누군가가 밥상을 차려놓고 "자, 여기예요. 여기서 여러분의 커뮤니티를 만드세요"라고 말한다고 해서 생겨나는 게 아니라 그곳에 사는 사람들이 그 땅에 뿌리를 내리고 서로의 나뭇가지가 얽히고설키는 가운데 시간을 들여 만들어가는 것이다. 이웃과 소통하지 않는 것이 일상이던 고층아파트에서도 2011년의 대지진 이후로 거주자 커뮤니티를 활성화하는 움직임이 활발해졌다. 왜 지금에 와서 그런 필요성을 깨닫기 시작했을까.

사람은 혼자 살아갈 수 없다. 가족과 혈연에게도 의지할 수 없는 한계라는 게 있다. 집이 잠만 자는 공간이 되어서는 지역과의 접점이 적을 수밖에 없다. 이러한 것들을 메워줄 앞으로의 커뮤니티는 지금까지와는 다른 형태의 연결에서 탄생할 수밖에 없다.

기분 좋게 안심하며 살아가고 싶다면, 주변도 쾌적하고 안심할 수 있어야 한다. 그것을 위한 장이 커뮤니티 아닐까. 그것이 물건이든, 마음 씀씀이든, 노동이든 간에 어쨌든 나누는 것 자체가 앞으로의 커뮤니티의 출발점이 될 거라고 생각한다.

글 하야시 미키

＊퍼머컬처　오스트레일리아의 빌 모리슨과 데이비드 홀그램이 영구적으로 지속가능한 환경을 만들어내기 위해 식물과 동물, 건물, 물, 에너지, 커뮤니티 등 생활 전반을 대상으로 구축한 디자인체계다. 퍼머넌트(영구적인)와 애그리컬처(농업) 혹은 컬쳐(문화)를 조합한 조어로서, 일본의 옛날 마을과 세계 선주민족의 생활을 통해 배우면서 '경작된 생태계', '영속하는 문화'의 구체적 모습을 만들어가는 기법이다.

집은 생활하는 사람에 의해 영혼이 불어넣어집니다. 자신이 사는 집을 공들여 손을 보면서 생활하는 사이 함께 성숙해 가는 자신을 발견할 수도 있겠지요. 이 책에서 취재한 것은 시간과 더불어 완성되어 가는 10곳의 주거지입니다. 그 모습은 실로 다양합니다.

1장에서는 자신을 키워주는 환경을 소중히 지킴으로써 훌륭한 커뮤니티가 탄생해 유지되고 있는 생활상을 들여다보았습니다. 한 그루 나무와 같은 건축가의 자택은 도심에서도 자연을 느끼며 마을과 느슨하게 연결돼 있습니다. 현대의 주택은 단열, 기밀성의 정도가 가치기준이 되고 있지요. 하지만 아무리 집의 성능을 높인다고 해도 창을 닫고 마을과 무관하게 살아가는 것이 사람에게나 마을에게나 행복한 상황이라고 할 수 있을까요.

건축가인 프랭크 로이드 라이트Frank Lloyd Wright는 평생에 걸쳐 '유기적 건축'을 제창했습니다. 건축을 '유기체=살아 있는 생물'로 여겨 주변환경이나 자연과의 조화를 중시한 것이지요. 이 책에 등장하는 집도 사람과 집, 집과 환경과의 관계를 중시한 유기적 건축이라 할 수 있습니다.

예전 같은 경제성장을 기대할 수 없는 시대에 거액을 대출하여 그에 얽매이는, 비상식적인 일처리방식에 의문을 품는 사람도 늘고 있습니다. 수입의 많고 적음으로 노동의 가치가 정해지는 게 아니라, 자신의 생활을 만들어가는 과정에서 느끼는 충족감의 정도가 앞으로의 풍요로움으로 통할 것입니다.

　2장에서는 자급자족하면서 집을 직접 지은 가족들을 소개했습니다. 누구나 이렇게 살 수 있는 건 아닙니다. 하지만 자신의 몸을 움직여 필요한 것을 만들어낼 수 있는 힘을 키우고, 먹거리에 신경 쓰며 생활할 때 비로소 진짜 자립이 시작됩니다. 첫 걸음을 내딛고 싶지만 좀처럼 쉽지 않는 사람들에게 용기를 주고 싶었습니다.

　지금 시대에는 맛집, 식생활교육, 음식문화 등 쏟아지는 정보의 양도 방대하고 퍼져나가는 속도도 쏜살같습니다. 실로 많은 사람들이 음식에 관심이 많고 건강이나 환경에 좋은 것들을 찾아내려고 애를 씁니다. 음식문화는 이처럼 성숙해 가는 데 반해 주택은 재료든 미의식이든 여전히 경제효율성과 편리성만 추구하고 있어 매우 안타깝습니다.

3장의 주인공들은 가볍고 편리하지만 속성을 알 수 없는 재료로 만들어진 정크푸드와 같은 건물재료에서 눈을 돌려 자신의 노동력으로 살아가는 사람들입니다. 집은 그에 대한 답례로서 아름답게 무너져 내리고, 언젠가는 홀연히 흙으로 돌아가겠지요.

지진의 나라에서 살아가는 일본인은 지금까지 큰 재앙이 있을 때마다 물건이 불타고, 물에 떠내려가는 모습을 보면서 허무감에 빠져야 했습니다. 물건은 언젠가는 사라지지만 사람과의 관계는 간단히 끊을 수 없지 않을까요.

4장은 모여 사는 길을 선택한 사람들의 이야기입니다. 서로를 지지하며 살아가기 위한 전제가 스스로 설 수 있는 개인임을, 그들은 각자의 생활방식을 통해 말하고 있습니다.

지금 시대의 풍요로움은 도저히 한마디로 표현할 수 있는 게 아닙니다. 개인의 가치관에 따라 받아들이는 방식도 다를 것이고요. 그럼에도 이 책에서 언급한 10가지 사람과 주거는 '당신에게 풍요로움이란 무엇인가' 하고 생각할 거리를 던져줄 것입니다.

후기

지금 세상은 엄청난 속도로 변화하고 있습니다. 우리가 무엇을 할 수 있을까. 2011년 봄부터 많은 사람이 자문하고 행동해왔다고 생각합니다. 우리 역시 때로는 헛발질을 하면서 각자 나름대로 고민해왔습니다.

이 책은 '쓰나가루즈연결된 사람들'의 첫 번째 활동 결과물입니다. '쓰나가루즈'라는 이름에는 '앞으로 우리가 살아갈 세상에서 풍요로움이란 무엇인가'를 보여주는 사람들을 취재하고 그것을 전달하여 더 많은 사람들과 서로를 알아가고 싶다는 마음이 담겨 있습니다. 혼자선 할 수 없는 일도 네 사람이 함께라면 반드시 할 수 있다는, 그런 의미도 담고 있습니다.

책을 만들면서 우리는 막연하게나마 우리가 가야 할 방향을 볼 수 있었습니다. 발효와 숙성과 같은 변화를 일으키는 연결고리를 여기저기서 만들어갈 수 있다면 좋겠다는 바람입니다. 그리고 우리 자신도 오래된 와인처럼 깊은 맛을 퍼트리고 싶습니다.

취재를 시작하기 전에 각자 맡은 일이 아니라도 가능한 한 넷이 함께 취재를 가기로 정했습니다. 생생한 이야기를 듣고 느낀 것을 서로 나누기 위함이었지요.

　취재를 통해 만난 사람들은 우리가 상상한 이상으로 선구적이며 깊이 있는 철학을 갖고 있었습니다. 생활에서 자신의 인생을 만들고 있다는 기쁨이 넘쳐났습니다. 얼마나 큰 용기를 품고 있는지, 감히 상상할 수도 없었습니다. 변변찮은 문장을 통해서나마 우리가 받은 감동을 함께 맛볼 수 있다면 더 바랄 게 없겠습니다.

　지금은 세상이 바뀌는 시점이라고, 앞에서 적었습니다. 이 책에 등장한 사람들은 우리가 깨닫기 훨씬 전부터 각자의 방법으로 문제해결에 나섰습니다. 변혁은 커다란 충격으로 일어나는 게 아니라 착실히 쌓아올린 실천의 연장선임을 배웠습니다. 그렇게, 바람은 불고 있었던 것이지요. 더욱 다양한 바람을 느끼고, 이 책을 읽어준 모든 분과 함께 바람을 일으켜가는 것을 꿈꿉니다.

　마지막으로, 이 책을 쓰면서 많은 분의 도움을 받았습니다. 취재에 협조해준 모든 분께 진심으로 감사드립니다. 바쁜 시간을 쪼개주고, 격려해 주신 것에 대해선 어떤 감사의 말로도 다할 수 없을 것입니다.

'이런 분들을 만나고 싶다'고 부탁하면 마법처럼 이루어졌습니다. 소개해준 여러분께도 감사의 말을 전합니다. '연결의 힘'을 실감하고 있습니다.

리쿠요샤六耀社의 후지이 가즈히코藤井一比古 대표님, 편집의 다다이 노부코只井信子 씨, 사진을 찍어주신 토나미 슈헤이砺波周平 씨, 편집의 수고를 덜어준 오피스 '후타쓰기'의 니키 유리코二木由利子 씨에게도 감사드립니다.

여러분, 정말 고맙습니다.

쓰나가루즈

간다 마사코, 하마다 유카리, 하야시 미키, 히라야마 토모코

지은이 쓰나가루즈 연결된 사람들

여성 건축 전문가 4명이 모여서 만들었다. 이들은 건축설계사무소 대표, 시크하우스 sick house 전문가, 주택 관련 기자로 활동하고 있다. 2011년 일본 대지진 이후 SNS를 통해 친교가 두터워진 네 사람은 사회에 도움이 되는 일들을 연결하는 여러 활동을 계획하고 있다.

간다 마사코神田雅子 도쿄예술대학 대학원을 수료했다. 설계사무소에서 근무하다 2000년부터 아키카라반 건축설계사무소 공동 대표로 있다. 1급 건축사로, 지금 시대에 있어야 할 건축의 모습을 추구하면서 주택설계 외에 목조주택의 질적 향상과 관련한 개발, 컨설턴트, 집필 활동 등을 하고 있다. (사)일본건축가협회 등록 건축가이며 NPO '나무의 건축포럼' 이사이기도 하다.

하마다 유카리濱田ゆかり 무사시노예술대학을 졸업하고, (유)사람/환경계획 대표로 있다. 1급 건축사로, 시크하우스의 개보수를 계획하고 화학물질을 배제한 주택, 바우비올로기주택을 설계했다. 독일 에코건축투어 등도 기획했다. NPO 법인 일본의 숲 바이오마스 네트워크 이사, 일본바우비올로기연구회 이사, NPO 법인 야베강 프로젝트 명예이사로도 활동 중이다.

하야시 미키林 美樹 무사시노예술대학 대학원을 수료했다. 설계사무소에서 근무했고 1997년부터 (주)Studio PRANA 대표로 있다. 1급 건축사로, 친환경에 주안점을 두고 전통과 현대를 융합시킨 목조와 장인기술을 활용한 주택을 짓고 있으며, 지역을 위한 활동에도 관심이 많다. (사)일본건축가협회 등록 건축가이자, JA 환경행동 래버러토리 위원, 장인이 만드는 목조주택네트 회원으로 활동 중이다. www.prana-trees.com

히라야마 토모코平山友子 도쿄여자대학을 졸업한 후 기자로 활동하고 있다. 목조주택과 그것을 만드는 장인, 시공사, 임산지를 취재하여 잡지 〈콘포트CONFORT〉와 〈살다〉, 신문에 인터뷰 기사 등을 쓰고 있다. 일을 통해 전통적인 기술과 기능의 계승도 응원한다. 저서로는 《안전화와 하이힐—건축현장에서 일하는 여성들》, 《삼대 가는 목조주택을 직접 만들다》 등이 있다.

본문 사진 토나미 슈헤이 砺波周平

호쿠리대학 생물환경과학과를 졸업했다. 대학 시절부터 사진가 호소카와 다케시細川剛에게 사사받고, 건축분야 잡지 〈살다〉와 건물의 준공사진 촬영을 진행했다. 2012년에 아사쿠사의 낡은 건물 수리 프로젝트를 다큐멘터리화했다. 현재 나가노와 도쿄에 거점을 두고 활동 중이다. 2012년에 2인전 'Lives & Dialogues'를 열었다. tonami-s.com

옮긴이 **장민주**

일본 나고야대학 정보문화학부를 졸업했다. 오랫동안 출판사에서 기획편집 일을 했으며, 현재는 번역가로 활동 중이다. 옮긴 책으로 《가족의 나라》 《슬로 리딩》 《1분 스티브 잡스》 《1분 피터 드러커》 《아이의 공부방을 없애라》 《1일 1찬 따끈따끈 레시피》 《알레르기 아토피를 해결하는 장 건강법》 《나의 명화 읽기》 《도둑맞은 베르메르》 《열심히 하지 말고 정확하게 하라》 《적재적소의 법칙》 《삼성도 부럽지 않은 작은 회사 경영 이야기》 《부드러운 카리스마: 큰소리치지 않고 사람을 움직이는》 등이 있다.

차 한 집 에 살 다

초판 1쇄 발행 2015년 10월 20일
초판 2쇄 발행 2016년 8월 30일

지은이 쓰나가루즈
옮긴이 장민주
펴낸이 이기섭
편집인 김수영
기획편집 오혜영 이미아 최선혜
마케팅 조재성 정윤성 한성진 정영은 박신영
경영지원 김미란 장혜정

펴낸곳 한겨레출판(주) www.hanibook.co.kr
등록 2006년 1월 4일 제313-2006-00003호
주소 서울시 마포구 효창목길 6(공덕동) 한겨레신문사 4층
전화 02)6383-1602~3 **팩스** 02)6383-1610
대표메일 happylife@hanibook.co.kr

ISBN 978-89-8431-933-2 13590